幸福職場
的建造者

打造零壓力的工作態度

PURSUING
HAPPINESS
IN THE
WORKPLACE

劉建平，沈蘭軍 著

從焦慮到幸福，
職業生涯的心理轉變之旅

現代人的「職場焦慮」有多嚴重？

挖掘個人潛能，投入熱愛的事業；
透過正面情緒，化解職場壓力；
讓工作變成一件零壓力又超熱血的事！

目錄

目錄

推薦序

　　幸福，是人一生中一直在追求的目標、前景和夢想，在生命長河的每個階段，每個人都有關於「幸福」的理解和憧憬，都會想方設法去追求幸福。

　　作者提出的「零壓工作」，並不是指沒有壓力的工作，而是說要帶著幸福感去工作。

　　在人的一生中，職場是很重要的一段歷程。因為職場在人一生中的地位特別重要，所以，職場階段是否幸福是人生幸福中很重要的組成部分。

　　首先，作者提出了職場幸福的標準。作者認為並不是擁有沒有壓力的工作就是幸福，並不是過得比別人好一點就是幸福，並不是有錢就是幸福，並不是事業成功就是幸福，真正的職場幸福來自於快樂地做有意義的工作。

　　其次，作者提出了實現職場幸福的方法和步驟。作者建構了「一基五柱」的職場幸福大廈。「一基」就是認識自己的優勢，發揮自己的長處，找準自己的職業方向，為自己設計好職業生涯。「五柱」分別是培養積極情緒，讓積極情緒化解職場壓力；投入熱愛的事業，執著而專注地在將自己的職業做到更好；打造溫暖的人際關係，讓自己和他人互相成就；發現工作的意義，

推薦序

讓使命感驅動自己不斷向前；做好自我管理，只有做最好的自己才能做出最好的事業。

那麼我們所說的事業一定是幹一番轟轟烈烈的大事嗎？當然不是。並非只有政府官員、企業家、醫生、教授等，才算值得追求的事業，也並非只有成功人士才有資格談事業。做一個熱心的警衛，讓每一個進出大門的人都感到溫暖和舒適，也是一種事業；用心播種（菜、米、果等等），春華秋實，也是一種事業；李子柒於山野背景下種菜、做飯，傳播傳統文化，更是被認可的「網紅」事業。凡是對社會發展有貢獻、有益處的工作，都是值得追求、值得肯定、令人尊敬的事業。有了這樣的事業，其「幸福大廈」才會巍然屹立。

由此我們得到一個結論：無論我們做什麼工作，只要是對社會有貢獻的就都是有意義的工作，只要堅持做好「一基五柱」，我們都將成為某個行業的「狀元」，實現自己職場幸福甚至是人生幸福的目標。

是為序。

管理學院教授　鍾耕深

自序

我在出版完成拙著《領導藝術的修煉》後，就開始醞釀創作一本關於零壓工作、職業幸福的書，這一想法得到朋友沈蘭軍的高度認同。

於是，我們一拍即合，就攜手開始了五年斷斷續續的創作歷程。本書的特點是：

1. 主題精準聚焦。2020 年，短片《後浪》以不可阻擋之勢成為輿論的焦點，網路上兩代人的反應很不一致，「前浪」看得熱血沸騰，感慨現在的年輕人趕上了一個幸福的時代，有了更好的物質生活和更自由的發展空間；而「後浪」卻感慨他們的生活壓力比以往的任何時候都大，「996」、「內卷」等形容工作壓力的網路新詞彙不斷湧現，相對於幸福，他們感覺更多的是生活的壓力。

那麼在面臨工作壓力時，如何獲得幸福，做到零壓工作呢？本書就將主題聚焦於此，擬透過在理論研究和實踐探索的跨界中尋找切入點，找到具有長期價值的理論和知識，篩選形象生動的故事案例，講述作者成長過程中的心靈感悟，提供行之有效的方法指引，讓讀者能從中得到啟示，從而實現零壓工作、幸福生活。

自序

2. 形式上獨具一格。司馬遷說:「究天下之際,通古今之變,成一家之言」。在創作本書的過程中,我們努力以這句話為標竿,將這些年吃過的苦,受過的累,踩過的雷,看過的書,見過的人,聽到的故事,得到的啟發,掰碎揉爛,透過「理論支撐＋案例故事＋心靈感悟＋實現方法」的形式系統輸出。這樣使得本書既不同於單純說教的心靈雞湯,也不同於曲高和寡的學術著作,而是兼具理論文章的科學嚴謹,故事案例的通俗易懂,心靈感悟的個人原創,實現路徑的切實可行。

3. 案例豐富有料。一個案例勝過一打檔案。用案例說話是本書的特色之一,本書共收集了 100 多個案例,其中,50％為作者親身經歷的原創案例,40％為綜合各方面材料的改編案例,10％為引用案例。為增強案例的可讀性,我們還參照了《哈佛商業評論》推崇的「YUE」管理原則:Young(新鮮的,講新時代的新鮮事兒);Useful(指導我個人或事業發展是有效的,相信對其他人也會有借鑑意義);Effective(長期的價值,不但當前管用,今後相當一段時間都有用)。

4. 創作發酵週期更長。吳晗說:「文章非天成,努力才寫好。」好文章是拋光打磨出來的,是精心修改出來的。在寫作過程中,我們不求速戰速決,貪一日之功,而是將戰線拉長,有空時就思考一下,不忙時就動筆寫一段,還經歷過 N 次思路枯竭暫停擱置了一段時間。就這樣「三天打魚兩天曬網」,先後醞

醸了三年，寫了兩年，前後歷時五年，意在透過持續發酵，昇華自我，努力寫出讓自己滿意、讀者受益的作品來。

白馬寺後殿門上有一副十分有名的對聯：天雨雖寬不潤無根之草，佛法雖廣不度無緣之人。我們這本拙作自然無法與天雨或佛法相提並論，但創作的初心卻是純粹的。在本書創作的過程中，我們帶著完全自發自願的求知心態，懷著沒有任何功利的創作真誠，只是想把這些年積累的「寶貝」毫無保留整理出來，對自己有個交代。

本書提出零壓工作，並不是鼓勵大家尋找沒有壓力的工作，而是希望大家透過閱讀本書，找到工作的意義，培養積極的人生態度，學會應對各種工作壓力的方法。我們以「一個地基＋五個支柱」來建構職場人生的幸福大廈：

一個地基就是認清自己，發揮性格優勢；五個支柱分別是積極的情緒、熱愛的事業、良好的人際關係、發現工作的意義、嚴格的自我管理。希望讀者可以在這座幸福大廈裡找到零壓工作的方法，讓工作的壓力變成前進的動力，向著幸福之路出發！

自序

第一章
轉向零壓工作，追尋職場之樂

> 幸福是生命本身的意圖和意義，是人類存在的終點和目標。
>
> —— 亞里斯多德

下面，讓我們以積極心理學為理論基礎，以大量詳實案例和心靈感悟為支撐，探討以自我性格優勢與美德為地基、以「積極情緒＋投入＋人際關係＋意義＋成就」為支柱，探索實現零壓工作的方法，追求職場幸福的路徑。

1.1 轉向無壓力工作，追尋職場之樂

> 這是一個千年未遇的大時代，大家的溫飽都解決了，可是我們卻比任何一個時代都更焦慮，這太不可思議了……
>
> —— 北京大學社會學教授　鄭也夫

人類在 21 世紀面臨的最大生存挑戰，不是汙染、戰爭、饑荒和瘟疫，而是幸福感偏低。為了呼籲世界各國政府重視人民的幸福感，2012 年 6 月 28 日，第 66 屆聯合國大會宣布，追求幸福是人的一項基本目標，幸福和福祉是全世界人類生活中的普遍目標和期望，並將今後每年的 3 月 20 日定為「國際幸福

日」，在這一天公布年度《全球幸福指數報告》。自此「幸福」更是得到全社會的關注，成為一個熱門的流行詞彙。

1.1.1　焦慮憂鬱，一個不可忽視的社會問題

如果有這樣一個常識判斷題，車禍導致的死亡人數遠大於自殺的人數。（　）

如果在沒有任何背景的情況下，你很可能會選擇打「√」。因為生活中，我們通常會感覺想不開自殺的人很罕見，而由於交通事故導致的死亡似乎稀鬆平常，但事實上的數據會讓你大跌眼鏡。

導致自殺的原因很多，而頭號殺手就是憂鬱！世界衛生組織（World Health Organization, WHO）曾預計，到 2020 年，憂鬱症可能成為僅次於心血管疾病的人類第二大疾病。

根據維基百科的定義，焦慮症（anxiety disorder）又稱焦急症、焦慮障礙，是以廣泛性焦慮症（慢性焦慮症）和發作性驚恐狀態（急性焦慮症）為主要臨床表現，常伴有頭暈、胸悶、心悸、呼吸困難、口乾、尿頻、尿急、出汗、震顫和運動性不安等症狀，其焦慮並非由實際威脅所引起，或其緊張驚恐程度與現實情況很不相稱。

患上焦慮憂鬱後，患者就好比讓人體進入到空鐵壺乾燒的狀態，會一點點消磨掉人的心力，對人的精神和肉體產生巨大的摧

殘，能將一個原本精力充沛的正常人變得整天無精打采，甚至出現呆若木雞的狀態，最嚴重的後果就是導致自殘、自殺思想行為的出現。尤其是面對當今社會的激烈競爭，以及生活中出生難、入學難、就業難、就醫難甚至火化難等一系列壓力山大的難題，焦慮憂鬱患者有擴大化的趨勢，它可能會侵襲任何人。

有一份「財富焦慮報告」中的統計數據顯示：2000 多位受訪者其中有 17.6％的人處於低焦慮狀態[01]，78％的人處於中度焦慮狀態[02]，4.4％的人處於高焦慮狀態[03]。

有些人過著別人看來很好的生活，身上洋溢著幽默，卻體驗不到快樂和意義。靠給別人帶來歡笑謀生的卓別林、著名港星張國榮等竟然也都是憂鬱症患者。他們似乎什麼都有，但就是不高興，生活沒有意義，他們有讓人羨慕的地位，有一輩子花不完的錢，有高級豪車與花園洋房，有眾多的忠誠粉絲……但是，他們就是無法從這些東西裡感受到真正的快樂，做什麼都提不起興致，甚至對生活充滿了絕望。

由查克・史奈德（Zachary Snyder）執導的美國電影《守護者》（Watchmen）裡，面具守望者羅夏就講了這樣一個故事：

一個男人去看心理醫生，說他很沮喪，感覺人生很無情，很殘酷，很孤獨。

[01]　是指對財富和與之相關事件的擔憂水準較低，不會對自身情緒產生明顯的影響。
[02]　是指存在一定程度的緊張和不安，但自身可以進行調節。
[03]　是指有強烈持久的緊張和不安情緒，自身難以進行調節，對日常工作生活等造成了較明顯的影響。

醫生說：「偉大的小丑帕格里亞齊來了，去看看他的表演吧，他能讓你振作起來的。」

然後，男人突然大哭：「但是醫生，我就是帕格里亞齊啊。」

然而，我們一些人對憂鬱等心理疾病充滿了偏見，甚至認為這些不是事，不是病，太矯情，不夠堅強，扛一下就過去了。美國的一位心理醫生在談到現代人糟糕的情感衛生習慣時說，「我們對一點點身體的傷口都會大驚小怪，卻對心理傷口毫無概念」。

忽視的東西不代表就消失了，往往蘊藏著更嚴峻的考驗，容易錯失最佳的治療時機，這就好比汽車上一閃一閃的「汽油不足」警示燈，你可以選擇視而不見，若無其事地繼續前行，但最後的結果就是「油盡燈枯」、拋錨路上。

應對憂鬱焦慮最好的方法是提前預防、科學應對，多學習一點有關幸福的理論和知識。多年的工作生活經歷讓我們相信，幸福是智慧、藝術、能力和方法，是需要學習、感悟、培養和訓練的，也是可以學會和實現的。

1.1.2　幸福時代已來臨

幸福比憂鬱更有感染力，螺旋上升的積極目標終會實現。到 2051 年，全球 51% 的人將擁有蓬勃豐盈的人生。

—— 美國心理學家　馬丁‧賽里格曼（Martin Seligman）

曾有一項調查採訪了各地的上班族、工人、研究員等各行各樣的工作者，而採訪對象面對的都是同樣的問題：

　　「你幸福嗎？幸福是什麼呢？」

　　這項幸福調查引發了人們對幸福的深入討論和思考，幸福一詞持續升溫，開始走進千家萬戶。尤其是近年來，隨著人們生活水準的逐漸提高，大家開始有更多的時間關注幸福、研究幸福、提升幸福。

　　心理學的快速發展尤其是積極心理學作為一門學科的形成並日趨成熟，開始透過現代實證心理科學的手段對幸福進行定義、測量和研究，為幸福研究提供了方法論支撐，插上了理論的翅膀，刮來了一陣「科學風」。現在，有關幸福的研究正走出象牙塔，走進千家萬戶，呈現出流行化傳播趨勢。

　　這其中不得不提的就是哈佛大學的幸福課，這門課已經超過哈佛大學的王牌專業「經濟學」，成為最受學生們歡迎的課程，而且選修這門課的學生都是帶著父母、爺爺奶奶來選修的。最好的東西一定先讓最親的人來分享，如此看來，幸福的價值已經超越了財富的吸引力。

　　這陣「幸福」風氣也感染了校園，並受到莘莘學子的歡迎。清華大學心理學教授樊富珉在一次演講中曾談到她在清華大學開設積極心理學選修課的經歷，可以說非常搶手、好評如潮，經常是一經推出，就被同學們迅速「秒殺」，比過年回家的車票

還難搶。

曾經有一個同學，在清華大學讀了 9 年書。一天，他在博士後最後一年的開學伊始，專程到辦公室找到了她，向她傾述了在清華選修積極心理學課程的艱辛歷程，「我大學、研究生、博士都是在清華讀的，從上大一起，就開始選修您的課程，接連選了 9 年，都沒有搶上。」最後，這名同學懇切地希望樊教授能給他一次選修的機會，彌補一下自己 9 選 9 不中的遺憾。

樊教授被這位青年學生的誠意深深打動，破格給了這名同學一次選修的機會。清華大學積極心理學課程的受歡迎程度，透過這個小事例，也可以管中窺豹，略見一斑。

這些無處不在的幸福符號都在表明，幸福已經開始滲透進百姓的日常生活，成為不可或缺的組成部分。幸福作為一種新興產業，春風正勁，方興未艾，未來可期。

1.2　探究快樂的真諦

關於幸福，每個人都有自己的解讀，如同一千個讀者就有一千個哈姆雷特一樣，一千個人就有一千個自己心中定義的幸福。但是，我們在一些場合提到的職場幸福，與科學意義上的幸福有很大的不同，存在一些認識上的失誤。

1.2.1　幸福的五大失誤

真理之川從他的錯誤的溝渠中流過。

—— 印度近代著名詩人　泰戈爾

談到幸福，有些人片面地認為幸福就是沒有工作壓力，就是比別人好一點，就是不缺錢，就是無憂無愁無煩惱，就是成功……但這些都不是科學意義上的幸福。

▍失誤一：幸福就是沒有工作壓力

如果一覺醒來，沒有困難了，我就不想活了。

—— 宏碁集團創始人　施振榮

有一首打油詩，描述一份好工作應當是這樣的：錢多事少離家近，位高權重責任輕，睡覺睡到自然醒，數錢數到手抽筋。

首先，這樣不勞而獲甚至不勞多獲的現象，不符合市場價值規律，在現實生活中肯定是極小機率事件。可是，如果有一天，你真的獲得了一份這樣的工作，就一定會幸福嗎？

有人曾說，「很享受自己努力工作的狀態，平均每天花在工作上的時間達 16 個小時，躺在沙灘上曬太陽會讓我覺得很痛苦。」

有人說厲害的人們不食人間煙火，站著說話不腰疼。事實上，身邊的勞動者也會有這樣的苦衷。

一個朋友在一家企業工作，待遇很好，「公司基本上什麼都

發」；住家與辦公室前後院，步行也就五分鐘的路程，不用擠公車、趕捷運，沒有通勤奔波之苦；還管著一群外包公司人員，什麼活也不用自己做，每天動動嘴就好了……但是，這位朋友卻感覺並不幸福，甚至有些鬱悶，還萌發了辭職的念頭，他抱怨說，「這份工作太簡單，太無趣乏味，太沒有技術水準了，感覺無法實現自己的價值。」

看到這裡，你可能會說，這朋友太矯揉造作了，得了便宜還賣乖，是典型的低調炫耀式自誇。但是，新冠肺炎肆虐時，很多人都因此有了一個百年不遇的超長假期，有了一段不用工作，還可以照常拿薪資的「好時光」。但是，你感覺幸福嗎？

應該說，剛開始大多數人還是很享受的，但是，邊際效應迅速遞減，慢慢地演變成為一種煎熬。一個朋友傳訊息說：「沒有上班，光拿薪資，有手有腳，元氣滿滿，滿腔熱血，一肚委屈。」

有道是「忙的蜜蜂沒有悲哀的時間」，人忙起來，才能感受生命的充實和快樂，感悟生命的意義和價值。人一閒下來就會增加很多是非。

飛機待在地上會更快地生鏽，人閒著會更快地損耗能量。閒著沒事、沒有壓力有時真是一件活受罪的事，完全閒下來無聊的日子往往渾身不自在、不踏實，身體上的毛病更多，這讓我想起羅曼·羅蘭（Romain Rolland）的一句名言，「生活最沉重

的負擔不是工作，而是無聊。」

有些老主管退休後賦閒在家，本該是怡養天年，享受天倫之樂，但退休後卻老得更快，幾年不見判若兩人，其衰老之快速不忍目睹。

大量的心理學研究證據也表明，相對於無所事事的老人，那些經常做一些小事的退休老人要幸福和長壽得多。

心理學家曾做過這樣一個試驗，他們付費給一些大學生，對他們的要求就是什麼也不能做。他們的基本需要得以滿足，但是被禁止做任何工作。4-8 小時後，這些大學生開始感到沮喪，儘管參與研究的收入非常可觀，但他們寧可放棄參與試驗而選擇那些壓力大、收入也沒有這麼多的工作。

為什麼不做事反而感覺不爽呢？心理學家米哈里・契克森米哈伊（Mihaly Csikszentmihalyi）透過調查發現：心流 [04] 的體驗，發生在工作時（54%）的機率，大大高於休閒時（18%）。他說，「人類最好的時刻，通常是在追求某一目標的過程中，把自身實力發揮得淋漓盡致之時」。

史丹佛大學心理學教授凱利・麥格尼格爾（Kelly McGonigal）研究發現，最幸福的人並不是沒有壓力的人。相反，他們是那些壓力很大，但把壓力看作朋友的人。這樣的壓力，是生

---

[04]　指一種將個體注意力完全投注在某活動上的感覺，心流產生時同時會有高度的興奮及充實感，簡言之，心流是專注於某項活動而帶來的極大幸福感。

活的動力，也讓我們的生活更有意義。

當然，這個壓力也是有限度的，不是越大越好。相關研究認為，在過難和過易之間有一個區域，我們不但可以發揮最大的潛力，還可以享受過程的快樂。也就是說，想要達到這個境界，任務的挑戰要難易適度。再具體一點，就是難度略高於技能 10%～20% 的時候，最容易獲得成就感，詳見圖 1-1。

這裡的關鍵是選擇一份與自己智商相匹配的工作。高能力做低挑戰的事容易無聊，這好比讓一個博士去做小學生的家庭作業，很簡單，很快就窮盡了其中的全部奧祕，感覺索然無味。低能力做高挑戰的事容易焦慮，這好比讓一個智商平平的小學生做奧數題，像讀天書一般的感覺，吃奶的力氣都用上了還是看不懂。而在焦慮和無聊之間，有一個神奇的空間，人在其中很容易進入專注狀態，這就是適當的挑戰。

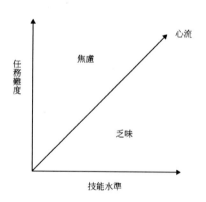

圖 1-1　合適的壓力是幸福

▌失誤二：幸福就是比別人好一點

但是，唉，從別人的眼裡看到幸福，多麼令人煩悶。

—— 英國劇作家　莎士比亞

有一種人的幸福叫「比別人好一點」，他們喜歡在與他人的比較中找到平衡，獲得幸福感。

在電影《求求你表揚我》裡，著名諧星范偉有一段經典臺詞，讓大家印象深刻，他說：「幸福……那就是，我餓了，看別人手裡拿個肉包子，那他就比我幸福；我冷了，看別人穿了一件厚外套，他就比我幸福；我想上廁所，就一個位置，你蹲那了，你就比我幸福！」

有一種惡叫見不得別人比自己過得好，本來好好的，看到鄰居誰買房了，同事誰升職了，周邊誰炒股發財了……便開始陷入無端的焦慮中。我們自古就有「不患貧而患不均」的說法，不怕自己得到的少，就怕自己得到的比別人少。

更有甚者，有些人將幸福建立在別人的痛苦之上，對別人的不幸津津樂道、幸災樂禍，一心盼著比自己過得好的人倒楣遭殃，從中找心理安慰。這樣的人讓我想起歌德（Johann Goethe）的一句名言，「人變得真正低劣時，除了高興別人的不幸之外，已無其他樂趣可言。」

尤金・歐尼爾（Eugene O'Neill）有一種觀點，幸福就是一雙鞋合不合適只有自己一個人知道。成功必須排名次，但幸福卻

不需要，是自己心靈深處的感覺。掌握在自己手中的幸福，才是穩定持久的幸福。要知道，人生下來就有不同，有的人一生都奮鬥在去羅馬的路上，有的人生下來就在羅馬。每個人都有自己的生活方式，都有自己的精彩，也有自己的無奈。

「人比人得死，物比物得扔」，比較是沒有意義的，也是很多人生悲劇的源頭。你是否幸福其實與他人無關，與幸福的能力和方法有關，這完全取決於自己。只要自己感覺幸福，就是人生最完美的答卷。

▌ 失誤三：幸福就是不差錢

只要基本生活無虞，額外的收入並不能帶來多大快樂。

—— 美國心理學教授　愛德華·迪安納（Edward Diener）

金錢和幸福是正相關的關係，但是，金錢對幸福的作用卻不是無限的，而是有「臨界值」（美國人的研究是年收入 7.5 萬美元），存在天花板效應，在達到「臨界值」之前，金錢和幸福感是 0.12 正相關的關係。一旦突破這個限度之後，效果就不那麼明顯。

心理學研究發現，一個人是否感到幸福，並不取決於自身實際有多少錢，而是取決於實際有多少錢和想擁有多少錢的比例關係，分母對分子的比值越大，幸福感越強。

「你對金錢的看法比金錢本身更能影響你的幸福感」，由於個人的欲望不同，有些人慾壑難填，想擁有更多的錢，儘管自

己財富不少，但關乎幸福感的比值並不大；有些人認為「人間至味是清歡」，錢滿足基本的生活需要就夠了，財富雖然不多，但卻自得其樂。所以，有些窮人感到很幸福，而有些富人卻覺得不快樂。

原國家能源局煤炭司原副司長魏鵬遠雖然很有錢，但由於貪紅了眼睛，卻幸福不起來。他說，之前自己一直覺得手握足夠的金錢才能給自己帶來安全感，但他後來發現這些錢來路不正，反而讓他更加驚慌。

2014 年 5 月，魏鵬遠被有關部門帶走調查，帶走調查時其家中發現 2 億現金，重 1.15 噸，檢察官從北京一家銀行的分行調去 16 臺點鈔機清點，當場燒壞了 4 臺，令人唏噓不已。

2016 年 10 月，魏鵬遠以受賄罪被判處死刑，緩期二年執行，剝奪政治權利終身，並處沒收個人全部財產。

魏鵬遠慾望無邊，總想獲取比別人更多的金錢，最終走向了不歸路。很多人花一輩子才明白的道理是，我們真正需要的東西實在太少。良田千頃不過一日三餐，廣廈萬間只睡臥榻三尺。

只有你選擇要快樂時，才會感到快樂。一張五名印度小孩「自拍照」獲得國際攝影大賽金獎：窮苦的孩子們臉上洋溢著燦爛的笑容。他們穿著又髒又舊的衣服，幾乎都赤著腳，站在泥土路上，唯一有鞋子的左腳穿了一隻很舊的藍色人字拖鞋，右腳的就貢獻當作「相機」了！遠處有些用舊鐵皮胡亂搭建的

建築、土堆等。這張照片由印度男演員博曼‧伊蘭尼（Boman Irani）在社交媒體上曬出，並附文寫上：幸福與擁有多少無關，與內心相連！

《華盛頓郵報》曾做過一份調查：「你認為世間最奢侈的物品是什麼」？評選結果表明，世間最奢侈的物品均與物質滿足無關。真正的幸福與快樂，永遠是由內而生，而不是外在賦予；人生真正的價值，來源於感悟生活，星空與雲海，信任與陪伴。

可能很多人都幻想透過中大獎等方式，實現一夜暴富，「朝為田舍郎，暮登天子堂」。這些運氣爆棚、真的實現一夜暴富的幸運兒，從此就真的過上幸福生活了嗎？

來自加利福尼亞州的 James，買樂透很幸運地中了 1900 萬美元，一夜之間變成了富人。

他辭去了夜班保全的工作，和妻子一起去夏威夷旅遊，還買了一棟漂亮的新房子。兩人覺得自己運氣太好了，打算繼續買樂透。

但不久之後，妻子和他離婚了，拿走了一半的錢。很快，James 又染上了毒癮，這可是一筆高支出，剩下的錢完全不足以支撐吸毒的開支。於是，他選擇去搶劫銀行。在紐約、洛杉磯等地的銀行搶劫案中，他一共搶了 4 萬美元。

2018 年 3 月 15 日，James 承認了自己的罪行，最終，他將面臨長達 80 年的監禁。

失誤四：幸福就是天天開心

生命是一襲華美的袍，爬滿了蚤子。

—— 張愛玲

在談到幸福時，有些人認為「幸福＝沒有痛苦」，天天開心，無憂無愁無煩惱。而任何經歷過負面情緒，無論是嫉妒或者憤怒、失望或者悲傷、恐懼或者焦慮的人，都算不上一個真正幸福的人。

泰勒教授認為，這是一個徹頭徹尾的失誤，這些人要的不是幸福，而是完美。幸福不等於完美。「月有陰晴圓缺，人有悲歡離合」，真實的人生永遠有春夏秋冬，潮起潮落，鮮花荊棘，誰也逃不離。

也有些人為了讓自己變快樂，壓抑心中的憂鬱，裝著很幸福，對不快樂採取迴避態度，逃離真實的生活，但是該來的總會要來，生活遲早還要面對，他們仍然沒有變得快樂，甚至覺得更不快樂了。

要知道，這個世界上，最不能偽裝的東西有三樣 —— 咳嗽、貧窮和幸福，越偽裝越欲蓋彌彰。人們所有的感受其實流過同一條情緒通道，當我們阻止痛苦情緒時，其實就是在間接阻擋快樂情緒。而當這些痛苦情緒長期不能釋放出來的時候，它們會膨脹並且變得更強烈，一次次地捲土重來，到了最終爆發的時候，往往會徹底擊垮我們。

大家應該都看過《鐵達尼號》（*Titanic*），以電影中的女主角羅絲為例，她當時已經有了未婚夫，一直努力在這段關係中扮演著「淑女」。

　　他們的關係如同水晶，晶瑩剔透，看起來像童話般美好。但人性是複雜的，不會如此完美。短時間的壓抑是可以的，但是長期看來，這是對人體能量的不斷消耗，隱藏著很大的潛在風險，而且壓抑得越久，報復性反彈就越猛，可能風險越大。當羅絲遇到傑克的時候，她人性中壓抑的另一面被啟用了，飛蛾撲火地奔向愛情。

　　對待幸福的科學態度應該是定位於做一個完全真實的自己，勇於面對真實的人生，「准許自己做一個完全人，像小孩子一樣，想哭就哭，想笑就笑」，不逃避生活，不壓抑自己。

　　「禍兮福之所倚，福兮禍之所伏」。幸福和痛苦是共生共存的孿生兄弟。在構成我們生活的元素中，人生不如意十之八九，這才是生而為人真實的模樣。人的這一生，小的時候可能快樂更多一些，等到長大後，就始終被五味雜陳的生活所包圍。幸福不是沒有痛苦，遭受痛苦是人生的常態，哪怕是那些幸福的人，也一樣會經歷許多痛苦。

　　電影《愛在日落巴黎時》（*Before Sunset*）中有一句經典臺詞，「人們總是覺得自己是唯一痛苦的人。」覺得別人的生活比自己好，其實，家家有本難唸的經，沒人比你更好，但你也沒

比任何人好。

在充滿激烈競爭的現代社會裡，沒有一份工作是不辛苦的，沒有一種職業是吃著火鍋唱著歌就可以拿高薪的，沒有一個人不勞而獲就可以始終受人尊重的，而且越是看著光鮮亮麗的事業，越是需要付出更多的心力。欲戴王冠必承其重，所有的偉大，都是熬出來的。

痛苦不可怕，關鍵是怎麼看。幸福的家庭都是相似的，幸福的人在看待痛苦方面也是相似的，那就是他們將痛苦視為生命必需的營養成份，並可以從中獲得感悟和成長。

《平凡的世界》裡塑造的少安少平兄弟是幸福的，他們把艱苦的勞動視為一所把人的意志鍛鍊成為鋼鐵的學校，越是艱險越要向前。少安說過，「我們這些來自生活底層的人，受過的苦難，正是我們的優勢所在。」少平更是自豪地宣告，「不要怕苦難！如果能深刻理解苦難，苦難就會給你帶來崇高感。如果生活需要你忍受苦難，你一定要咬緊牙關堅持下去，有位了不起的人說過：痛苦難道是白受的嗎？它應該使我們偉大！」

真實的生活比小說裡還要難得多，但是，天下沒有白受的苦，白吃的虧，白擔的責，白扛的罪，白忍的痛，這些到最後都會變成光，照亮你前方的路。孟子也說：「故天將降大任於是人也，必先苦其心志，勞其筋骨，餓其體膚，空乏其身，行拂亂其所為，所以動心忍性，曾益其所不能。」

體驗痛苦可以幫助人更好地感知幸福。一個隨時隨地都快樂的人往往感知不到幸福，只有當他有負面感受時，才能激發出對幸福的覺察。炎炎夏日，一直蹲在樹蔭下乘涼的人，是感受不到涼快的，只有在日光曝曬下勞作一番，再回到樹蔭下，才能體會到涼風習習的幸福感。

　　稻盛和夫回憶自己經歷的數度苦難，慶幸自己由此志向才變得更為堅固，才能造就如今的自己，「倘若出生優越之家，捧在手心怕摔了，含在口中怕化了，輕鬆進入期望的學校就讀，順利進入著名的大企業就職，全然不知人間疾苦，那我的人生道路將是截然不同的。」

▌ 失誤五：幸福就是成功

　　你生活得越幸福，你就越富裕。這也不斷地激勵著我。

　　　　── 美國心理學家　馬丁‧賽里格曼（Martin Seligman）

　　成功與幸福既相向而行，具有較強的正相關性，但又非重疊關係，並不是簡單的成功或升職加薪。有關研究顯示，一般來說，越成功，越幸福，成功可以帶來幸福，但卻不是必然關係。

　　人們渴望成功，很多人更是希望走捷徑快速成功。但是，越想走捷徑越會走更多的彎路，這讓我想起有句被說爛的話，便是褚威格（Stefan Zweig）在《斷頭王后》（*Marie Antoinette: The Portrait of an Average Woman*）裡講的：「她那時還太年輕，

不知道命運餽贈的禮物，早已暗得標好了價格。」

　　成功是可遇而不可求的。它是一種自然而然的產物，是一個人無意識地投身於某一偉大的事業時產生的衍生品，或者是為他人奉獻時的副產品。如果只想著成功 —— 越想成功，就越容易失敗，而且還會產生焦慮等一系列不良反應。

　　成績越優秀，對自己的期待越高，這種焦慮感反而越強烈。這些名校的學生在外人眼中是千軍萬馬過獨木橋的成功者，但這種成功並不一定帶來幸福。美國心理學會也曾公布《大學校園危機》：接近一半的大學生感到「絕望」；近 1/3 的學生承認，在過去 12 個月中，由於心情過度低落而影響到了正常的學習和生活。

　　因此，如果你拿著成功學的地圖，去尋找幸福的新大陸，是抵達不了目的地的。但是，如果拿著幸福學的地圖，去尋找成功的新大陸，卻會一路順風。

　　越幸福，越成功，幸福本身也能帶來更多的成功，幸福對成功的推動卻是必然的。幸福是提升生產力最直接、最有效的方法。一個心中洋溢著幸福的人，一定是充滿著動力去工作的，也一定會把握住更多的機會，產生更好的績效。

1.2.2　幸福的本質是快樂地做有意義的事

真正能夠持續的幸福感，需要我們為了一個有意義的目標快樂地努力與奮鬥。

—— 《幸福的方法》（*Happier: Learn the Secrets to Daily Joy and Lasting Fulfillment*）作者泰勒·本·沙哈爾（Tal Ben-Shahar）

正本清源，迴歸本質，那麼什麼是真正意義上的幸福？從積極心理學角度講，幸福的本質就是快樂地做有意義的事。特別敲一下黑板，這裡面有三個關鍵點：一是過程要快樂，代表現在的美好時光，屬於當下的利益；二是結果要有意義，代表未來的美好期待，屬於長遠的利益；三是一定要做，幸福是奮鬥出來的。

一、人生的四種模式

幸福的人生態度不僅是為了自己的目標努力奮鬥，也需要享受當下的每時每刻。

—— 《幸福的方法》作者泰勒·本·沙哈爾

與動物的一重化特徵不同，人的存在具有二重化特徵，即肉體與精神的分離，肉體傳導的是過程，精神傳導的是結果，肉體感覺快樂的事情，精神上不一定感覺有意義。同一件事情，過程和結果的感覺有時是吻合的，有時又是矛盾的。

根據過程和結果感覺快樂的不同，哈佛大學泰勒·本·沙哈爾教授以吃漢堡為例，將各色人生總結為四種模式，詳見圖 1-2：

享樂主義型 享受眼前的快樂，但同時埋下未來的痛苦。 好比吃一份美味誘人的「垃圾食品」。	**幸福型** 既享受當下所做的事，又可獲得美好未來。 好比吃一份美味誘人的健康食品。
虛無主義型 既不享受眼前的事物，也不對未來抱期許。好 比吃一份味道很差的「垃圾食品」。	**忙碌奔波型** 大多數人的狀態是「幸福的假象」，犧牲眼前 的幸福，為的是追求未來的目標。好比吃一 份味道很差的有機食品。

好　　過　程　　差

差　　　　　　　結果　　　　　　　好

圖 1-2　泰勒・本・沙哈爾：人生四種模式

當過程和結果均感覺不快樂的時候，沙哈爾教授稱之為虛無主義型人生。

當事人既不享受眼前的事物，也不對未來抱期許，這好比吃一份口味很差的「垃圾食品」，吃時口感不好，吃後回味也不爽。這樣的人生最糟糕，肯定不幸福，自然毫無爭議。

當過程感覺快樂而結果不快樂的時候，沙哈爾教授稱之為享樂主義型人生。

單純的過程快樂在時間上是短暫的，是一時和一事的，傾向於物質和感官層面。當事人享受眼前一時的快樂，「今朝有酒今朝醉」，但同時埋下未來的痛苦，在快感消失之後感覺更空虛，「舉杯消愁愁更愁」。比如炎熱夏天晚上喝冰鎮啤酒，吃串燒、小龍蝦，這感覺，夠爽，可以說，過程感覺是暢快淋漓

的，但是結果卻是對人的健康不利的，對痛風的人來說甚至是痛苦的。

**當結果感覺快樂而過程不快樂的時候，
沙哈爾教授稱之為忙碌奔波型。**

這是大多數人認為的幸福狀態，是一種「幸福的假象」，犧牲眼前的幸福，為的是追求未來的快樂，這好比吃一份口味很差的有機食物，吃時口感不好，但是富有營養。

**當結果和過程同時感覺快樂的時候，
沙哈爾教授稱之為幸福型人生。**

當事人既享受當下所做的事，又可獲得美好未來。因為享受當下，所以過程快樂，因為擁有美好未來，所以更有意義。這好比吃一份美味誘人的健康食品，當下美味可口，長遠對身體有益，吃了還想吃。也就是孫中山先生所說的「飲和德食」，飲要和諧，食後道德，吃時享受，吃後舒服。

不論是單純的過程感覺快樂，還是單純的結果感覺快樂，抑或是過程和結果都感覺快樂，都伴隨著同步的生理活動。快樂感是一種主觀的體驗，客觀的外界因素往往是透過主觀加工而發揮作用的。人的快樂和痛苦是由其特質或認知方式決定的。外界的視聽觸嗅味，透過大腦這個中央處理器進行高速地資訊處理，並給予意義，區分快樂與痛苦，而這一過程，也是高耗能的活動。體重 2% 的大腦，消耗大約人體內 20% 的卡路里，詳見圖 1-3。

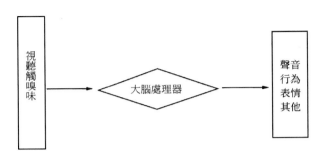

圖 1-3 快樂來源

幸福型人生表現為過程和結果的同步快樂，不僅過程是快樂的，結果也是有意義的。這種快樂傾向於精神和身體層面，從內心深處不斷湧現的快樂感，是深層次的滿足感，展現為過程和結果的統一性。享樂主義型人生表現為單純的過程感覺快樂，傾向於身體層面，是淺層次的滿足感。

人之所以成為人就在於人類不只是依賴於本能而活著，而在於人更具有豐富深刻的情感，可以不陶醉於今朝有酒今朝醉，不沉迷於簡單的滿足、一時的快樂，而是擁有一個豐富真實的生活整體，追求更有意義的幸福與快樂。

二、幸福的生活，樂在追求之中

在一味追求 GDP 的今天，我很希望人們能停下腳步，反思一下，到底什麼能給自己帶來真正的幸福感，並讓這種幸福感持續下去。

—— 清華大學心理學教授　彭凱平

天上不會掉餡餅。幸福好比是跳一跳才能摘到的桃子，是等不來的，也不是空想和做白日夢出來的，關鍵展現在實際行動中，「JUST DO IT ！」，在追求的過程中來品味幸福。幸福的生活，不是追求快樂，而是樂在追求之中；不只展現在結果裡，還展現在每時每刻的過程之中。

　　何為幸福？真正能夠持續的幸福感，需要我們為了一個有意義的目標快樂地努力和奮鬥。幸福不是拚命爬到山頂，「會當凌絕頂，一覽眾山小」，也不是在山下漫無目的地遊逛，而是向山頂努力攀登過程中的種種經歷和感受。

　　塞利格曼綜合研究發現，提出了 PERMA 這一幸福理論，為我們追求幸福、活出蓬勃人生提供了有效的工具和方法（見圖 1-4）。

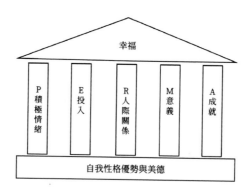

圖 1-4　幸福大廈的模型

　　這個理論告訴我們，幸福不是單一的、不可捉摸的，而是多元、有科學配方的，它包括五個要素：積極情緒（Pleasure）、

投入（Engagement）、人際關係（Relationships）、意義（Meaning）和成就（Accomplishment）。

積極情緒指一種生活中的快樂感和滿足感。人在開心的時候，積極的時候，一定是愉悅的、開心的。

投入指忘我做事時的福流狀態。人在沉浸、投入做一件事情的時候，往往更幸福。

人際關係是指來自社會和家庭的有支持性的積極關係。幸福的人是願意與人分享的，而不是把自己宅起來。

意義是追求某個超越自我的目標。人對愉悅的體驗，是來自於對意義的分析，意義是很重要的，一定要從中發現意義，哪怕這件事情看起來很普通。

成就是追求卓越的表現和對環境的掌控力。幸福是有結果的，是能夠看得見、摸得著、抓得住的。

這五個元素相互獨立，又環環相扣、相互影響，每個都可定義、可測量，且本身就可以作為個人追求的終極目標；每個元素都是通往幸福的一條途徑，但又不代表幸福的全部；如果它們能得到均衡發展，就能創造出最大化的幸福。按照馬丁·賽里格曼的理論，五個元素就像是五根柱子，共同撐起幸福這座「四梁八柱」，而個人的性格優勢和美德對每一個幸福元素都有影響，為「大廈」提供了堅實地基。我們可以按照這個配方來搭建幸福大廈，收穫職場幸福這個「跳一跳可以摘到的桃子」。

 第一章　轉向零壓工作，追尋職場之樂

第二章　地基：
人生三大問題與利用性格強項戰勝壓力

我們的事業是什麼？我們的事業將是什麼？我們的事業究竟應該是什麼？

—— 現代管理學之父　彼得・杜拉克（Peter Drucker）

杜拉克的經典三問曾引起無數管理者的反思，成為指導企業運作的行動指南。我們每個人就是自己人生的 CEO。面對自己的人生，也要善於三問：一問我是誰？正確認識自己；二問我將是誰？我未來會成為什麼樣的人；三問我究竟應該是誰？應該沿著什麼樣的路徑前進，做最好的自己。

2.1　自我發現：認識真實的你

認識你自己。

—— 鐫刻於古希臘德爾菲神廟上的銘言

認識自己就是知道「我是誰」，古人叫「知天命」，這是我們一生的必修課，是發展自我、成就自我的基礎，也是一切管理活動的前提。

法國畫家保羅・高更（Paul Gauguin）的巔峰之作〈我們從哪裡來？我們是什麼？我們到哪裡去？〉（Where Do We Come

From? What Are We? Where Are We Going?）：最右邊是一個生機勃勃的嬰兒，最左邊是一個行將就木的老婦人，整個畫面代表了人的一生。畫面上有一處暗藍色的雕像，舉著雙手，暗示著死亡的不可避免，但似乎也指引著來世。而畫面中最顯著的位置，是一個金桔色的青壯年的身軀，在採摘芒果，象徵著人世的歡樂。

2.1.1　認識自己，挖掘潛能

認識自己是 21 世紀生存最重要的能力。兼聽則明，偏信則暗。對自己有更清晰和準確認知的人，能夠做出更明智的決策。

—— 美國組織心理學家　塔莎・歐里希（Tasha Eurich）

曾有人問泰戈爾三個問題：世界上什麼最容易？什麼最難？什麼最偉大？泰戈爾是這樣回答的：指責別人最容易，認識自己最難，愛最偉大。

認識自己是一個既簡單又深奧，既耳熟能詳又令人困惑，既恆久不變又歷久彌新的終身課題。在歷史的璀璨長河中，人類從來沒有停止過對自我的追問。它與「我從哪裡來」、「我到哪裡去」一起，共同構成了人類永恆的三個哲學難題。

人生在世，首先要做的應該就是正確認識自己。古人講，知人者智，自知者明。只有首先正確認識自己，才能更好地發展自我、成就自我。

杜拉克深刻地指出：「你應該在公司中開闢自己的天地，知道何時改變發展道路，並在可能長達 50 年的職業生涯中不斷努力、做出實績。要做好這些事情，你首先要對自己有深刻的認識 —— 不僅清楚自己的優點和缺點，也知道自己是怎樣學習新知識和與別人共事的，並且還明白自己的價值觀是什麼、自己又能在哪些方面做出最大貢獻。」

自我認知愈充分，自我坦誠愈足夠，在人際交往中愈容易創造出理解、寬容、和諧的人際關係，可以讓自己變得更聰慧，做事順風順水、事半功倍，還可以避免禍患、獲得幸福。

一個人成長的經歷，必然伴隨著認識自我的探索過程，從無意識到有意識，由不清晰到清晰，逐步進行修正，不斷接近更加真實的自己。可以說，能看清多深的自己，就能看透多深的社會；能看到多遠的過去，就能看到多遠的未來；能看透多深的世界，就能做出多大的事業，這是變化無常的人生中永遠顛撲不破的硬道理。

某位著名建築學家在大學演講時，曾意味深長地說：「我一生都在思考什麼是建築。」相比於靜態的建築，會思想的人肯定更複雜，更微妙，更難以思索。認識自己是我們一生永不結業的必修課。生命不止，探索自己的過程就不會結束。認識自己，我們仍然在路上；認識自己，我們永遠在路上。

2.1.2　認識自己的有效方法

自己這個東西是看不見的，撞上一些別的東西，反彈回來，才了解自己。

—— 日本時裝設計師　山本耀司

周哈里窗（Johari Window）是由美國心理學家喬瑟夫・勒夫（Joseph Luft）和哈利・英格漢（Harry Ingham）提出，被廣泛應用於理解和培養自我意識、個人發展、改善溝通、推進人際關係、團隊建設、群體間關係。它包括四個區域（見圖 2-1）：

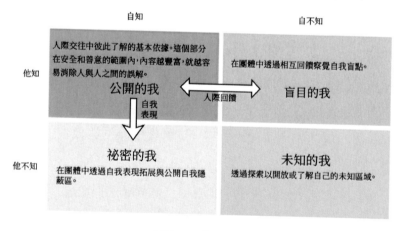

圖 2-1　喬哈里視窗

- 自我和他人都知道的，是公開的我：人與人的交往，大多發生在這個領域。第一個區域，是人際交往的主要陣地。這個部分是有關自己的各種資訊，包括行為、態度、感

情、願望、動機和想法等。這是自己知道，別人也知道的部分，包括缺點和優點。

· 自我知道，但他人不知道，是祕密的我：這是一個對外封閉的區域。其中包括個人想法、感受經驗及他人無法知道的區域。這個區域的開發程度完全由自己控制。每個人的祕密自我大小也不盡相同，有的人心直口快，有的人則深藏不露。

· 自我不知道，但他人知道，是盲目的我：在這個區域中，個人看不到自己的優劣，但在他人眼中，卻一目了然，這就是所謂個人的盲點。應在雙方的努力下，透過相互人際回饋覺察自我盲點，向「公開的我」轉移，以減少衝突。盲點不一定完全都是缺點，有時也會忽略自己的優點和長處。

· 自我和他人都不知道的，是未知的我（危險區域）：這個部分的資訊自己和他人都不知道，需要透過探索以開放或了解自己的未知區域。這其中會包括未曾覺察的潛能、壓抑下來的記憶和經驗等。這些就是衝突的最大來源，應該逐漸向「盲目的我」、「祕密的我」區域轉移，也就是說爭取被對方指出來或直接自己發現後向安全區域轉移。

喬哈里視窗可以為我們提供一個認識自己的窗口。我們可以透過外部反饋和內部自我覺察相結合的方式，來認識自己、突破自我。

一、透過外部回饋來認識自己

　　能夠聽到別人給自己講實話，使自己少走或不走彎路，少犯錯誤或不犯大的錯誤，這實在是福氣和造化。

—— 英國哲學家　培根（Francis Bacon）

　　透過外部回饋來認識自己，就是要以認識自我、完善自我的寬容態度接受來自外界的提醒，面對自己的不足，因為他人會促使我們了解自己更多，也能幫助我們完善自我。

1.綜合運用多種途徑 360 度回饋來認識自己。

　　每到年底，公司人力資源部門往往會著手處理績效考核工作，通常會圍繞德、能、勤、績四個方面，設計工作責任心、學習創新能力、溝通合作能力、職位知識與技能、職位工作完成情況、上級交辦任務完成情況等考核指標，明確每一項指標的考核權重，請上司、下屬和同事為你打分歸類，並提出意見建議。

　　這是一項工作流程，也是認識自己的有效途徑，特別是當有人指出你的盲點時，不管意見如何，應該從心裡表示感謝，這常常意味著重新發現自我。

・A+：工作能力和意願特別突出；
・A：工作能力和意願強；
・B：工作能力和意願一般；

- C：工作能力和意願基本可以，需提高和改進的方面較多；
- D：工作能力和意願低，急待提高和改進。

■ 2. 進行數據篩選，多吸收「對」的回饋。

雖然他人對我們的看法和意見是認識自己最重要的一部分，但並不是所有外界回饋都具有同等的價值 —— 我們需要尋求「對」的回饋。在選擇對象時，我們要避免兩種人：去掉一個最低分 —— 無愛的批評者，去掉一個最高分 —— 無批評的愛人。

不難理解，前者就是那種無論我們做什麼，工作多努力，成效多明顯，他們都會吹毛求疵，雞蛋裡挑骨頭，指責批評我們的人。例如愛妒忌的同事，懷恨在心的前任。後者則是無論我們做什麼，無論我們多錯，都不會批評我們的人。比如堅信「自己的孩子完美無缺」的媽媽，或習慣性討好的「老好人」。

■ 3.「晚餐桌上的真相」。

這是一個需要充足勇氣的方法，但同時也是一個有望給你的外部自我覺察帶來質的提升，並改變最重要人際關係的方法。顧名思義，你需要邀請一個密友，或家庭成員、人生導師共進晚餐。用餐時，你要請他們說出一個你讓他們最為惱火的地方，可以是你做過的某件事、你的某個特質等。當然，在那之前，他們需要知道你這樣做的原因，以及他們有暢所欲言的權利。此外，你不能做出任何帶有攻擊性的回應，而是真誠地傾聽。

你需要知道，「真相」往往比我們想像中的還要令人難以接受。但你付出了多少勇氣，就有機會收穫同等的成長。

二、透過提升內部自我覺察來認識自己

吾日三省吾身，為人謀而不忠乎？與朋友交而不信乎？傳不習乎？

—— 《論語・學而》

透過提升內部自我覺察來認識自己，就是要提升內部自我覺察，不斷探索嘗試，開發或了解自己的未知區域。

■ 1. 勤於「覆盤」，經常回首走過的路。

覆盤，圍棋術語，也稱「復局」，指對局完畢後，復演該盤棋的紀錄，以檢查對局中招法的優劣與得失關鍵。下圍棋的高手都有覆盤的習慣，他們平時在訓練的時候大多數時間並不是在和別人搏殺，而是把大量的時間用在覆盤上，這樣可以有效地加深對這盤對弈的印象，也可以找出雙方攻守的漏洞，是提高自己水準的好方法。

現在，覆盤已經不僅是棋類選手的術語，而成了人們反思與總結的代名詞。人生也需要不斷覆盤，「吾日三省吾身」，經常回顧總結自己走過的路，系統分析一下別人的成功得失，比如，可以每天晚上睡覺前對當天的工作進行簡單回顧，每天早晨上班路上將當天的計畫統籌考慮，每件事情完成後進行盤點

總結。這樣，才能更通透地認識自己，對下一步方向作出清晰判斷、正確選擇，實現快速成長。

一次，某位著名歌唱家在大學裡演講時，有人向他請教唱歌的訣竅。他回顧了自己多年歌壇生涯，深有感觸地說沒有訣竅，最好的方法倒是有的，那就是反覆聽自己的錄音。這其實說的就是覆盤。

▌ 2. 將自己放置在一個陌生環境裡。

相關研究顯示，當一個人處於陌生的環境，他的優點和弱點都會更容易顯露出來，這是我們認識自己的機會。

人在陌生環境中的反應有時是超乎想像，甚至不可用正常邏輯思維來推理的。比如，人們都喜歡來一場說走就走的旅行，可以到比較大的城市走一走，看一看，這是比較容易想像的；但是，如果你的夢想在詩和遠方，有幸到了世界上溫度最低、風景最震撼人心的南極地區去旅遊，會有什麼反應？

按照通常的思考邏輯，到那裡我們會穿得很厚很厚，把自己裹得嚴嚴實實。但事實上，人除了本能的生理反應，把自己穿得暖暖和和之外，還會有一種心靈的昇華，將自己融入大自然之中，用身體觸碰冰雪。一些朋友會選擇在大自然中裸奔或靜靜地在純淨的冰雪世界裡躺一會，體驗一下那種冷得極致、天人合一的美。這也表明，極致狀態與平常狀態對人的心理影響並非線性關係，不身臨其境是無法體驗的。

3. 對自己狠一點，逼自己一把。

跳蚤試驗講的是：將一隻跳蚤放進一隻沒有蓋子的杯子內，跳蚤可以輕而易舉地跳出來。接著蓋上杯子後，跳蚤每次向上跳時，都因撞到蓋子而跳不出來。後來把蓋子拿掉，跳蚤也跳不出去了。然後，給杯子快速加熱，跳蚤又可以一下跳出去了。

這帶給我們的啟示是：人前進道路上的最大障礙就是自我設限。世界上最大的監獄是人的思維意識。一件事情，我們可能在還沒有嘗試之前，就已經根據以前經驗，進行自我設限，這是不是有點像困在瓶子裡的跳蚤？如果沒有快速加熱的外力逼迫，就永遠不知道自己的潛力到底有多大。

4. 站在月球看地球，跳出自己看自己。

亞當斯密（Adam Smith）說：「一個認識自己的人能夠走出自己，像個觀察者一樣從外面看自己的反應。」只有當一名旁觀者，站在月球看地球，跳出自己看自己，才可以放下當局者的執迷，立場才盡可能客觀，思考才盡可能周全，更能客觀真實地看清真實的自己。

5. 透過與他人的對比來認識自己。

以銅為鏡，可以正衣冠；以人為鏡，可以明得失。沒有比較，就沒有鑑別，就無法知道自己在整個社會中的位置，在芸芸眾生中的座標。只有透過比較，我們才能知道自己的短處、長處、長中之短、短中之長，從而做到「知彼知己，百戰不殆」。

具體來說，可以應用對比的方法：面對同一件事，思考一下你會怎麼做，把你的做法寫在紙上；預測一下他人會怎麼做，把你的預測寫在紙上；觀察他人最後實際是怎麼做的，高明之處在哪裡，背後的思維邏輯是什麼，這樣，你就更清楚地認識到自己與他人的差距，知不足而精進，你的能力也會因此得到持續提升。

2.2 規劃未來：設計你的人生藍圖

有兩種東西，我對它們的思考越是深沉和持久，它們在我心靈中喚起的驚奇和敬畏就越來越歷久彌新，一個是頭上的星空，另一個是內心的道德法則。

—— 德國哲學家 康德（Immanuel Kant）

我將來會是什麼樣子？近期小目標是什麼？中期超越目標是什麼？遠期奮鬥目標是什麼？這些都是不可迴避的嚴肅問題。一個人，只有清楚地知道內心深處的需求是什麼，人生目標是什麼，才能做出正確選擇，走好人生每一步。

2.2.1 認清內心需求的四個步驟

一個人如果不能時刻傾聽自己的心聲，就無法明智地選擇人生的道路。

—— 美國心理學家 馬斯洛（Abraham Maslow）

傅柯（Michel Foucault）認為認識自我的過程就是雕琢自我的過程。我們尋找內心深處需求的過程，也如同剝洋蔥的過程，把不用的一層層剝掉，最後找到一個真正的自我（見圖 2-2）。

如果問你需要什麼？你可能會很輕鬆地列出一個長長的清單。但是，如果再仔細審視一下羅列的清單，哪些是可以做的？哪些是有能力做的？哪些是想做的？哪些是最想做的？按照「雕塑」的思維邏輯，使用「剝洋蔥」的工具方法，層層剝開，就可以發現內心深處的需求。

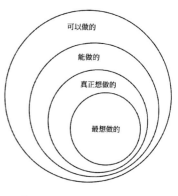

圖 2-2　「剝洋蔥」的方法

▌思考：你需要什麼？

√ 將工作做到極致，體驗幸福的感覺

√ 好看（帥、亮眼），顏值正義

√ 吃好喝好玩好

√ 瘋狂 SHOPPING

√ 成為職業籃球運動員

√ 不計手段，追求更多財富

第 1 步：確定可以做的事

　　假設你遞給我一把槍，裡面有 1000 個彈匣、100 萬個彈匣，其中只有一個彈匣裡有一顆子彈，你說：「把槍對準你的太陽穴，扣一下扳機，你要多少錢？」我不接受。你給我多少錢，我都不接受。

── 美國企業家　巴菲特（Warren Buffett）

■ 思考：你可以做什麼？

　　√ 將工作做到極致，體驗幸福的感覺

　　√ 好看（帥、亮眼），顏值正義

　　√ 吃好喝好玩好

　　√ 瘋狂 SHOPPING

　　√ 成為職業籃球運動員

　　✕ 不計手段，追求更多財富

　　確定可以做的事，首先要確定你不能做什麼，底線在哪裡？底線是基礎，是根本，是事物質變的分界線，是做人做事的警戒線、高壓線，不可踩、更不可越。

　　明底線、守底線，不可以做的事情，堅決不碰，是修身正德、做事創業的必修課，可以讓人安心，給予巨大力量，確保一生平安，這是生存發展的大智慧，否則，「常在河邊走，早晚會濕鞋」，搬起石頭砸自己的腳，導致全盤皆輸。「莫伸手，伸

手必被捉」。底線比目標更重要，沒有底線的人不值得交往。

稻盛和夫有個著名的「人生方程式」：人生‧工作的結果 = 思維方式 × 熱情 × 能力。熱情和能力很重要，思維方式更重要，因為它具有方向性。沒有底線思維，方向錯了，思維方式跑偏了，哪怕你才高八斗，哪怕你熱情洋溢，結果不僅「抱著金飯碗沒飯吃」，而且難免加害社會。

第 2 步：確定能做的事

你知道自己哪裡不行比知道哪裡行更重要，這樣，你可以躲開它，少走一些彎路。

—— 文化學者　馬未都

■ 思考：你能做什麼？

　√ 將工作做到極致，體驗幸福的感覺

　√ 好看（帥、亮眼），顏值正義

　√ 吃好喝好玩好

　√ 瘋狂 SHOPPING

　× 成為職業籃球運動員

　× 不計手段，追求更多財富

人不僅要認識你自己，而且凡事勿過度。蘇格拉底（Socrates）對此的闡述是，一個人如果不能反思自己，認不清自己的侷限性，那就不會獲得一個有價值的人生。

　　世界很大，人一生能做的事很少，能做成的事更會少之又少。每個人都有自己的資源稟賦，不是所有的菜都可以夾進自己的碗裡，即便夾進來也不一定能吃下。古人講，「三十而立，四十不惑」，如果一個人到了三四十歲，還不明白自己能吃幾碗米飯，還不清楚能力邊界在哪裡，多半是「一瓶子不滿，半瓶子晃盪」，不會有太大的出息。

　　要知道，社會本身就是所有人的組合，如果你不明白身上的弱點，一定會在某種狀態下暴露，甚至會在某一個時刻被無限放大將你毀掉。想想看，你之所以沒有混得出人頭地，或者兵敗滑鐵盧，這裡面固然有機會、運氣等方面的因素，但更多的錯誤一定在自己身上，你性格的缺陷很可能是向上突破的瓶頸。

　　股神巴菲特說，「你不需要成為每個領域的專家，明確自己的局限，充分發揮自己的優勢與長處這才是十分重要的。」

　　有志者事不一定竟成，多數事情透過努力是可以實現的，但是，有些事情卻是無法改變的。我們每個人年輕時都曾有一些偉大的夢想，比如，要做運動員、科學家、記者等，但真正要做好一份職業，光憑一腔熱情是不夠的，還需要一些基本條件。從生物學角度看，人的智商、情商、身體機能相當程度上在出生的時候已經由 DNA 決定了。「江山易改，本性難移」，後天努力有用，但是先天先於後天、先天大於後天。如果你先

天條件不適合某個領域，即使再勵志，每天都看「凌晨四點的紐約」，也無法成為這個領域的頂尖人才。豬八戒再勤奮也變不成孫悟空，孫悟空再修行也變不成唐僧。尺有所短，寸有所長，人沒必要硬逼著自己一定要把死路走通。

籃球是一項看身高的運動，NBA 球員的平均身高接近 200 公分。在 NBA 裡，歷史上身高不足 170 公分的只有 9 個人（還都是 1990 年代之前的），其中最出類拔萃的斯波特韋伯身高 168 公分，職業生涯場均也就 9.9 分，跟其他身高正常的 NBA 球星動輒場均 20 多分相比，明顯遜色不少。

因此，越早意識到自己的局限性越好，這樣就可以在自己的職業選項中將籃球果斷刪除，從而釋放出記憶體空間執行適合你做的事。

知道自己知道什麼是知識，知道自己不知道什麼是智慧。有勇氣改變你能改變的，平靜地接受你改變不了的，智者能分辨出這兩者的區別，希望你能成為這樣的智者，沒必要非進行徒勞無功的摸索。

第 3 步：確定真正想做的事

圍在城裡的人想逃出來，城外的人想衝出去，對婚姻也罷，職業也罷，人生的願望大都如此。

—— 作家　錢鍾書

思考：你真正想做什麼？

√ 將工作做到極致，體驗幸福的感覺

√ 好看（帥、亮眼），顏值正義

√ 吃好喝好玩好

✕ 瘋狂 SHOPPING

✕ 成為職業籃球運動員

✕ 不計手段，追求更多財富

在想做的事情中，減去不可以做的、沒有能力做的，但還有幾個選項，目標仍過於分散，需要進一步聚焦。這時，你需要進一步進行思考，問問自己這一生真正想做的什麼？

其實，我們有時真的不知道自己真正需要什麼，也不知道什麼適合自己。賈伯斯（Steven Jobs）深刻地指出：「如果亨利·福特（Henry Ford）在發明汽車之前去做市場調研，他得到的答案一定是消費者希望得到一輛更快的馬車。」

我們有時自以為是的創意性需求不過是「五顏六色的白」、「五彩斑斕的黑」、「logo 放大的同時能不能縮小一點」，看似清楚明晰，別具一格，其實是沒有道理，也行不通的。

我們有時的想法不過是隨大流，在社會的洪流中不斷裹挾前行，一次次成為被商家套路收割的「韭菜」。想一想，我們逛街 Shopping 時，面對商家「第二杯半價」、「滿 100 送 50」等促銷活動，明明知道這是行銷套路，卻還是會買來自己並不需要

的東西，閒置在家，甚至買回來用兩次就扔了。儘管多次下了剁手的決心，但一看見別人搶購，還是禁不住加入人流。

第4步：確定最想做的事

一個最想清楚知道應該做什麼的人，往往最容易獲得其他人的服從。

—— 蘇格拉底

▌ 思考：你最想做什麼？

√ 將工作做到極致，體驗幸福的感覺

✕ 好看（帥、亮眼），顏值正義

✕ 吃好喝好玩好

✕ 瘋狂購物

✕ 成為職業籃球運動員

✕ 不計手段，追求更多財富

心不想，事不成。確定什麼是你最想做的事非常重要。要知道，「渴望就是力量」。你的現在，由過去最想做的事決定；你的未來，由現在最想做的事決定。

但看一下身邊的成功人士，翻一下報刊上的人物傳記，我們不難發現這樣的規律，最先功成名就致富的一部分人，不是最優秀的，不是學問最高的，也不是最帥的，而是最想致富的人最先富起來了！

確定最想做的事，就是將真正想做的事情按重要程度進行價值排序，找出你認為最重要、最有意義的那一個，作為人生的指南針，為此可以達到痴狂的程度，睡也想，醒也想，朝著目標奮勇前進，到達對自己有意義的彼岸。

　　有一個簡單的方法，可以幫你確定最想做的事，你可以想像一下，如果今年是你生命的最後一年，甚至今天是生命的最後一天，你還會做什麼？那麼，這件事就是你最想做的事。如果你在年輕時就能找到最想做的事，那絕對是人生的一件幸事。

2.2.2 規劃目標，找準職業方向

　　明白自己一生在追求什麼目標非常重要，因為那就像弓箭手瞄準箭靶，我們會更有機會得到自己想要的東西。

—— 亞里斯多德（Aristotle）

　　確定了最想做什麼之後，就是制定目標。目標不只是看起來很好，也很有用，從自我感覺來說，可以更快樂、更幸福；從結果導向來說，可以迸發出一股洪荒之力，成為做事創業的動力源泉。

一、目標可以讓人做出正確的選擇

　　對於一艘沒有方向的船而言，什麼風都是逆風。

—— 美國經濟學家　哈伯特・西蒙（Herbert Simon）

瞄準靶子再開槍。設定目標就是用語言給自己一種承諾，而承諾本身會給我們帶來更好的未來。只有心中有目標的人，才可能不爭一時之短，但爭一世之長，從而集中注意力，做到延遲滿足，在正確的時間，出現在正確的地點，做出正確的選擇。一個沒有目標的人，往往只會對現實做出被動的回應，「飢而欲飽，寒而欲暖，勞而欲休」，而無法去創造現實，引領時代。

2020 年 6 月 24 日，在俄羅斯德蘇戰爭勝利 75 週年閱兵儀式上，一名女兵不慎將鞋子踢掉了，這使得她在方陣中尤為「顯眼」。無論怎麼說，這應該是人生夠糗的事了吧！

但是，她並沒有亂了陣腳低頭尋找鞋子，而是繼續跟隨著方陣，同其他女兵一道整齊地前進，方陣也並沒有因此而亂掉。這一幕恰好被當地電視臺拍攝下來。

觀摩閱兵的波羅的海艦隊司令亞歷山大・諾薩托夫也注意到了這一情況，諾薩托夫並沒有責怪她，反而高度評價了她的鎮定自若與集體紀律意識。諾薩托夫說：「請把這名女孩介紹給我，我會親自獎勵她。雖然她失去了鞋子，但她還是讓方陣保持了整齊劃一。」

相關研究發現，延遲滿足比及時行樂的人感覺更幸福。這讓我想起史丹佛大學沃爾特・米歇爾（Walter Mischel）教授在一些幼稚園學生中做過的棉花糖實驗：能忍住不吃掉第一個棉花糖、稍後獲得兩個棉花糖的孩子，長大後的人生更加積極，成

就更多。

事實上，成人的世界和孩子的世界並沒有太大的區別，只是面對的誘惑不同而已，能夠抵制眼前誘惑，做長遠謀劃的人往往更幸福。

讀過《窮查理寶典：查理・芒格的智慧箴言錄》（*Poor Charlie's Almanack*）的朋友，一定知道，書裡邊有一條查理・蒙格（Charles Munger）的警世名言，叫「祖母的規矩」，說的是吃飯的時候，你得吃完胡蘿蔔，才能吃那些甜點。他把祖母的規矩，作為自己投資的一種策略，總結出一條投資的黃金法則。

二、目標可以讓人活得更幸福

有證據表明，無論何時，只要找到了某種生活目標，總會有所裨益。

—— 加州大學洛杉磯分校教授　斯蒂爾・科爾

人生目標對工作生活有著巨大影響，有明確目標的人因為心中有追求，心態更好，就會更好地意識到生命的價值，可以獲取健康紅利，更長壽，更幸福。

在對美國 7000 名中年人進行的調查分析發現，即使是人生目標意識的些微提升，也將導致未來 14 年中死亡風險的明顯下降。《心理科學》（*Psychological Science*）文章稱，研究人員分析了 6000 多人的數據，隨訪受試者 14 年，在此期間，大約 9% 的

死亡。在年輕、中年人和老年人中都具有一致性結果，擁有更大的人生目標也會降低死亡的風險。

一項對 9000 名英國人長達 50 年的追蹤調查也發現，即使是將教育程度、憂鬱情緒、吸菸和鍛鍊四個因素考慮在內，與目標意識最低的人相比較，目標意識強的人在今後十年裡的死亡風險要低 30％。有較強生活目標的人，心臟病風險降低 27％、中風風險降低 22％、阿爾茲海默症風險降低 50％。另外，有較強生活目的性的人，隨著年齡增長，產生睡眠障礙的可能性也要低得多。

加州大學洛杉磯分校的斯蒂爾・科爾認為，有目標的人生總能給人們帶來更多的健康益處，不管你是 20 歲還是 70 歲。他說：「有證據表明，無論何時，只要找到了某種生活目標，總會有所裨益。」擁有堅定的生活目標，無論從何時開始，無論年齡多大，都不會太晚，要知道，今天永遠是我們生命中最年輕的一天。

三、高目標可以讓人摘到更大的果子

取乎其上，得乎其中；取乎其中，得乎其下；取乎其下，則無所得矣。

—— 孔子

心理學中有個定律叫定錨效應（Anchoring Effect），說的是當人們需要對某個事件做定量估測時，會將某些特定數值作為

起始值，起始值像錨一樣制約著估測值。當我們在心中給自己設定一個目標時，就成為了對這件事的定位基點，並決定著最後的結果。

星光不問趕路人，時光不負追夢人。你的夢想有多大，這個世界就有多大。將目標定得高一點的人往往得到的更多。霍華德・阿蒙森說：「永遠不要低估那些會高估自己的人」。

卡內基（Dale Carnegie）經過研究後發現：目標高低帶來的自我暗示，直接決定了我們行為能力的大小。一個人上樓梯，分別以 6 層和 12 層為目標，其疲勞狀態出現的早晚是不同的。以 12 層為目標的人，疲勞狀態出現的時間點會更晚一些。

2.2.3　SMART —— 設計人生目標的工具

人活著要有生活的目標：一輩子的目標，一段時間的目標，一個階段的目標，一年的目標，一個月的目標，一個星期的目標，一天一小時一分鐘的目標。

—— 俄國作家　托爾斯泰（Lev Tolstoy）

前面講了目標的種種好處，那麼，如何制定人生目標呢？在這裡，向大家推薦一個簡單有效的工具方法 —— SMART。SMART 原本是「機智靈敏」的意思，這裡是五個英文單字的首字母組合，詳見圖 2-3 所示：

圖 2-3　有效的工具方法 —— SMART

- 具體的（Specific）
- 可衡量的（Measurable）
- 可達成的（Achievable）
- 相關的（Relevant）
- 有完成期限的（Time-bound）

一、具體的（Specific）：目標越具體越好

世界再大，也大不過一盤番茄炒雞蛋。

—— 招商銀行公益廣告片

具體化，是一種工作要求，也是一種思想方法和工作方法。

三毛說：「愛情，如果不落實到穿衣、吃飯、數錢、睡覺這些實實在在的生活裡去，是不容易天長地久的；所以，那個洗碗的男人很帥，那個拖地的女人也很美，這樣的家庭才是和諧的。」

不論是推動事務發生變革，還是創建新事業，抑或是居家過日子，都不能是抽象的，而必須是具體的。我們制定人生目標也是如此，不能是空洞的、虛無的，「世界再大，大不過一盤番茄炒雞蛋」。要用具體的語言清楚地說明要達成的行為標準，想要完成什麼目標。越具體越有利於執行，執行效果也要越好。

舉例說明如下：

✕ 新年我們要切實防範企業經營風險。

✓ 新年我們透過加固業務管理、風險合規、內審監察「三道防線」，落實 20 項風險管控措施，健全風險治理體系。

二、可衡量的（Measurable）：目標完成度要可衡量

凡是精細的管理，一定是標準化的管理，一定要經過嚴格的程式化的管理。科學管理就是力圖使每一個管理環節數據化。

—— 知名作家

「權，然後知輕重；度，然後知長短。物皆然，心為甚。」可衡量的是指應該有一組明確的數據，作為衡量是否達成目標的依據，有即時的回饋，就是你怎麼知道你的目標完成了？

研究顯示，玩電子遊戲之所以上癮，一個重要的原因是有即時回饋。殺怪就能獲得經驗值，完成任務就有金幣獎勵，過關就能有鮮花掌聲，並能第一時間透過視覺化的數據顯示出來，讓玩電子遊戲者有一種可控感、成就感。

舉例說明如下：

✕ 新的一年，我們將努力提高服務水準。

✓ 新的一年，我們要確保客戶滿意度達到 85 分以上。

三、可達成的（Achievable）：透過努力可以實現

人最大的痛苦，就是自己的能力配不上野心。

—— 胡適

個人目標制定要切合實際，目標挑戰難度要適中，適合的就是最好的。合理的目標設定、適當的憧憬未來，才會激起我們前進的動力。

目標過低，沒有任何挑戰性，實現起來輕而易舉，不費吹灰之力，唾手可得，無法激發潛力，就是達成目標也感覺不過癮。

目標過高，欲速則不達，心急吃不了熱豆腐，理想就可能成了空想。同時，「才華配不上夢想，能力配不上野心」，也會導致動力不足，容易產生挫折、失敗和痛苦。

在目標制定過程中，我們要掌控的一個原則就是：不能太高也不能太低，應在難度過大和過易之間找到最佳平衡點，把靈魂安放在這個位置，這樣可以得到更多幸福。當然如果你有幸智慧過人，性格熱情外向，定個遠大目標，自然是再好不過的事。

舉例說明如下：

× 我要買張樂透。

× 我要樂透中大獎。

√ 我要職級晉升一級。

四、相關的（Relevant）：選擇對個人成長重要的目標去實現

生命只有和民族的命運融合在一起才有價值；離開民族大業的個人追求，總是渺小的。

—— 國學大師　季羨林

實現此目標與總目標和其他目標的關聯情況，這個目標是不是值得你花時間去做的？一些毫無意義、八竿子打不著的目標就沒必要浪費時間了。

舉例說明如下：

× 我每週要打一小時手機遊戲，完成遊戲晉級。

√ 我要把遊戲時間換成閱讀時間，每年閱讀專業書籍 50 本、文學作品 20 本。

為了讓你的人生小目標更有意義，在考慮個人目標時，不能總想「小我」的患得患失，要站在更高層面思考問題，想一些「大我」的家國情懷，將個人目標與團隊目標、社會目標、國家目標融合在一起，順應時代趨勢，形成同頻共振。這樣才更有價值，可以爆發出不可想像的能量。

舉例說明如下：

× 來時的火車票誰給報了？

√ 我要將工作中所學所思所得寫成一本理論性的專著。

五、有完成期限的 (Time-bound)：實現目標一定要有期限

沒有截止日期的「目標」都是耍流氓。

—— 佚名

帕金森定理 (Parkinson's law) 告訴我們：工作會蔓延到我們允許它蔓延的時間。簡單地說，如果你給自己一個月來準備展示，那麼你就會花整整一個月的時間完成這個任務，但如果只有一個星期的時間，你就會在更短的時間裡做出一樣的東西。

目標是有時間限制的，必須具有明確的截止期限。我們需要切實可行地給自己安排一個目標時限，確保按照計畫執行，要避免前鬆後緊，前閒後忙，在考試驗收的最後一個晚上，通宵達旦，加班熬夜。舉例說明如下：

× 我要考上 MBA。

√ 2022 年我要考上清華大學 MBA。

2.2.4　實現目標的技巧：劃整為零

積小勝為大勝，以空間換取時間。

—— 軍事理論家　蔣百里

人生好比一次很長的旅途，無法一口吃個胖子，有遠大的目標是好事，但是，再大的目標也要一步步來實現，我們需要保持最佳的時間觀念，劃整為零，劃分段落，確定一個長期、中期和短期相結合的目標，積跬步致千里，積小勝為大勝。

一、一口吃不成胖子，人的目標是慢慢長大的

　　從人的角度來考慮，人的目標是變化的，是漸進的，是慢慢長大的。一開始由於見識所限，目標一般比較低，但是，隨著見識的拓寬和經歷的豐富，目標也會水漲船高。

　　網易公司創始人兼 CEO 丁磊說：「創辦網易的時候，我只是想做一個小老闆，我從來沒有一個遠大的理想，從來沒有想要成為一個很有錢的人。那時的理想就是，有個房子有輛汽車，不用準時上班可以睡懶覺，有錢可以出去旅遊。千萬不要以為我當時抱著一個偉大的理想去創辦一個偉大的公司，絕對沒有這個想法。」

二、確定一個長期、中期和短期相結合的目標

　　把眼光放得太遠是不大可能的 —— 甚至不是特別有效。一般來說，一項計畫的時間跨度如果超過了 18 個月，就很難做到明確和具體。

—— 現代管理學之父　彼得・杜拉克

　　某天，一個心理學家做了這樣一個實驗：他招集三組人，讓他們分別向著 10 公里以外的三個村子出發。

第一組的人既不知道村莊的名字，也不知道路程有多遠，只告訴他們跟著嚮導走就行了。剛走出兩三公里，就開始有人叫苦；走到一半的時候，有人幾乎憤怒了，他們抱怨為什麼要走這麼遠，何時才能走到頭，有人甚至坐在路邊不願走了；越往後，他們的情緒就越低落。

　　第二組的人知道村莊的名字和路程有多遠，但路邊沒有里程碑，只能憑經驗來猜想行程的時間和距離。走到一半的時候，大多數人想知道已經走了多遠，比較有經驗的人說：「大概走了一半的路程。」於是，大家又簇擁著繼續往前走；當走到全程的四分之三的時候，大家情緒開始低落，覺得疲憊不堪，而路程似乎還有很長；當有人說：「快到了，快到了！」大家又振作起來，加快了行進的步伐。

　　第三組的人不僅知道村子的名字、路程，而且公路旁每一公里都有一塊里程碑。人們邊走邊看里程碑，每縮短一公里大家便有一小陣的快樂，每到一個整數公里處就簡單休息一下，然後繼續前進，這樣，大家情緒一直很高漲，所以快樂地到達了目的地。

　　這個實驗告訴我們，在做事過程中，如果明確知道終極目標（到達村子）、階段性目標（整數公里處）、小目標（每一公里）的話，將有助於在旅途中保持情緒高漲，更容易達成目標。

　　這讓我想到在高速公路上開車時，我們會不斷看到清晰直

觀的交通指示牌，提示距離目的地還有多遠，到達途經地還有多遠，距離最近的服務區還有多遠。相關研究也表明，這樣的設計讓行人心理感覺最好，趕路最快，同時，還能有效降低發生交通事故和堵塞的機率，這也是公路路標和里程碑設定的科學依據所在。

人生好比一次很長的旅途，需要確定一個長期、中期和短期相結合的目標。一般來說，長期目標可以是相對模糊的，用任正非的話就是「方向大致正確」。試圖一勞永逸地制定一個長期有效的目標基本是不可能的，往往徒勞無功。但是，從長期目標到中期目標，再到短期目標，則要變得越來越具體，越來越具有可操作性、可實現性。人生長期目標往往是在做好今天和明天，在不斷達成一個個小目標中實現的。

2.3　定義自我：做自己生命的主宰

執行人生藍圖時，做自己人生的 CEO，一定要學會發年薪給自己。

—— 知名作家

一個人就像一個企業，我們每個人都是自己人生的 CEO，需要統籌資源，實現持續成長，努力成就最好的自己。

2.3.1　適度留白，給自己留出思考的時間

人類的最高理想應該是人人能有閒暇，於必須的工作之餘還能有閒暇去做人，有閒暇去做人的工作，去享受人的生活。我們應該希望人人都能屬於「有閒階級」。有閒階級如能普及於全人類，那便不復是罪惡。人在有閒的時候才最像是一個人。手腳相當閒，頭腦才能相當地忙起來。

── 梁實秋

留白原意是指書畫藝術創作中為使整個作品畫面、章法更為協調精美而有意留下相應的空白，留有想像的空間，是中國藝術作品創作中常用的一種手法。藝術大師往往都是留白的大師，方寸之地亦顯天地之寬。

南宋馬遠的山水畫《寒江獨釣圖》，只見一幅畫中，一隻小舟，一個漁翁在垂釣，船旁以淡墨寥寥數筆勾出水紋，四周都是空白。畫家畫得很少，但畫面並不空，反而令人覺得江水浩渺，寒氣逼人，還有一種語言難以表述的意趣，令人思之不盡，耐人尋味。這種以無勝有的留白藝術，具有很高的審美價值，給予人無窮的想像空間。

現在留白作為一個流行詞語，其外延和內涵不斷拓展，並作為一種普適性的工作方法，用以指導如何進行都市計畫、廣告宣傳、人生發展規劃等。

1. 越來越多的城市開始重視在城市建設中「留白」，將城市建設的重點由哪些地方可以建轉變為哪些地方不可以建。

2018 年 6 月，北京城市副中心（通州）詳規草案徵求意見，一改往常城市建設密密麻麻全部建滿的傳統打法，在寸土寸金的位置，首次劃定約 9 平方公里策略留白地區，為城市後續發展預留空間。其著眼點就在於提升規劃建設管理水準，透過劃定策略留白地區，為城市發展預留彈性空間，避免出現重大結構性問題。

2. 留白還可以用來指導我們如何有效進行廣告宣傳，更好地吸引人的眼球。

在廣告宣傳中有這樣一條定律：空白增加一倍，注目率增加 0.7 倍。字越少，越能吸引人的眼球；字越多，越沒人看。

3. 我們忙碌的人生，也需要適度留白。

著名歷史學家傅斯年說：「一天只有 21 個小時，剩下 3 個小時是用來沉思的。」

會做事、能成事的狀態應該是適度留白，對不重要的事情毫不猶豫地予以「斷舍離」，給自己留出空間，用於思考和決定真正重要的東西。要知道，人的基本能力就三種，那就是思考力、表達力和行動力。思考力是第一位的，是萬力之源。沒有思考力，就沒有表達力和行動力。

「心之官則思，思則得之，不思則不得也」。當冷靜思考的

那一刻，一個人才是清醒的。只有想得深刻，看得明白，才可以確保有充足的元氣，去踏好邁向更遠處的腳步，實現工作生活的持續精進提升。

有些人以忙碌為由拒絕思考，理由顯然不充分。正確的開啟方法是：越是忙碌，越要找時間思考。忙碌多數時候不是因為工作真的需要沒完沒了地加班，「兩眼一睜，忙到熄燈」，而是因為沒有發現最佳化改進的機會，一直以低效的方式在做事情。

作為管理人員尤其是領導幹部更是需要適度留白。有一種觀點認為停止工作才開始真正領導。領導是「頭」，必須思考問題，必須善於思索事情，也是最需要思考的那部分人。領導者不應該主司生產，一直忙碌容易讓人產生決策疲勞。只有放慢時間，心靜下來，深度思考才有可能。

拿破崙（NapoleoneBonaparte）說：「領導就是當你身邊的人忙得發瘋，又或者變得歇斯底里的時候，你仍然能沉著和正常地工作。」

「君閒臣忙國必興，君忙臣閒國必衰。」一個組織的最高領導者的忙碌程度與組織風險成正比。當領導者忙於事務性工作不能自拔時，電話此起彼伏，像個接線員一樣忙個不停，必然無暇顧及大事要事，這樣的領導肯定沒有希望，這樣的組織也沒有前途。

任正非旗幟鮮明地反對高層人員埋頭苦幹，他多次強調：

「給我一杯咖啡，我就可以統治世界。」、「高階幹部要少做點工作，多喝點咖啡。視野是很重要的，不能只知道關在家裡埋頭苦幹。高階幹部與專家要多參加國際（大型）會議，與人碰撞，不知道什麼時候就擦出火花，回來寫個心得，也許就點燃了熊熊大火讓別人成功了。」

2.3.2 擺好角色定位，才能演出好戲

> 君子素其位而行，不願乎其外。素富貴，行乎富貴；素貧賤，行乎貧賤；素夷狄，行乎夷狄；素患難，行乎患難。君子無入而不自得焉。
>
> ——《禮記·中庸》

世界是大舞臺，每個人都是舞臺上的演員。在世界這個大舞臺上，只有找準角色定位，做出與所擔當角色相匹配的言行舉止、心理活動，才能演出好戲，博得觀眾滿堂喝采。

一、定位不對，一切白費

> 公爵不能搶了國王的風頭。
>
> —— 莎士比亞

設想這樣一個場景：一個媽媽正大聲責備兒子：「你這個熊孩子，怎麼又玩電子遊戲了？作業做了嗎？鋼琴彈了嗎？房間打掃了嗎？你這熊孩子怎麼這麼不聽話，什麼時能讓人省心呢？」這是扮演望子成龍、暴躁易怒的媽媽角色。

可是忽然電話鈴響了，媽媽接起電話，立刻滿臉堆笑地說：「王總呀，我們隨時恭候您大駕光臨……您放心，我們保證完成任務！」這是扮演追求上進、天天向上的職場女性形象。

星星還是那個星星，月亮還是那個月亮。同樣一個人，在不同的場景下，表現迥然不同，這不是她的個性，而是她所處的角色不同使然。

人生的路有千萬條，關鍵是要找準自己的角色定位，到什麼山上唱什麼歌。能不能找到正確的角色定位，是衡量一個人是否入戲的基礎和前提。主演就應該穩站「C 位」，出盡風頭，配角就應該甘當綠葉，烘雲託月。大家各就各位，各司其職，才會各得其所，其樂融融。

歷史上不乏地位顯赫的大人物，但因角色定位不對招致上司忌恨，甚至帶來滅頂之災。

戰功赫赫的年羹堯之所以招致殺身之禍，就是因為他角色定位不對，恃功自傲，目無一切，不僅不把其他朝臣放在眼裡，就是連雍正皇帝也敢有大不敬行為，最後被削官奪爵，列大罪九十二條，雍正四年被賜自盡。

電視連續劇《雍正王朝》中有這樣一幕讓人印象深刻：年羹堯立了戰功，凱旋歸來，雍正皇帝召見第一等戰功的將軍們時，體恤地說，「天氣熱，你們都是百立戰功的人啊，在這裡都不要拘謹了，來，卸甲，大家涼快涼快。」哪知這些將軍們竟然

沒有趕緊謝皇上隆恩，而是大眼看小眼，面面相覷，相繼看年羹堯的臉色。直到年羹堯淡定地說了一句：「既然皇帝讓你們卸甲，你們就卸吧。」這些將軍們才異口同聲地齊喊「喳」，並遵照年羹堯的指示相繼脫下了盔甲。

看此情景，雍正皇帝雖表面鎮靜，並設慶功宴盛情款待年羹堯，但是，年羹堯「只知有軍令，不知有皇上」的訓兵模式，已經嚴重觸犯了雍正皇帝的心理底線，為後來的殺身之禍埋下了伏筆。

在大是大非面前擺正角色位置，做一個政治上的明白人，這自然非同小可。工作生活中一些看似不起眼的普通場合，找準自己的座標同樣也很重要。

一個朋友說起他們公司空降一個總經理，要學歷有學歷，要才華有才華，要顏值有顏值，但是，大家卻認為這個總經理和公司氛圍格格不入。公司董事會選擇他，是想讓他透過自己的學識和能力提升公司的管理水準，但他上任後卻始終沒有找到自己的角色定位。他經常會盛氣凌人地說：「不就是因為你們不行才讓我來嗎？這件事就聽我的。」他將自己置身於團隊之外，和公司領導團隊形成對立，結果當然是可想而知，董事會最後發現，他在這個位置上是不稱職的，不但沒有提升公司的管理水準，還讓公司陷入管理混亂的局面，繼而免去他的職務。這位總經理自始至終也沒有意識到，自己的定位到底出了

什麼問題？他理解總經理就是凌駕於別人之上下命令，卻不能認識到總經理只有和大家風雨同舟，才能讓公司上下團結一心，將公司做大做強。

二、我找到「北」了

　　在中國的最北端——黑龍江大興安嶺地區漠河縣北極村，有一個很有意思的景點是各種「找北」，沿途可以看到很多的「北」字，有的寫在樹上，有的刻在石頭上……很多旅行者特別喜歡和「北」字合影，寓意是「我找到北了」，看清了人生方向。

　　找到「北」就是依實際情況變化做出相應的改變。一個運作良好的組織，每個人都有自己的一畝三分地，大家各自管好自己的門，看好自己的人，做好自己的事。

　　一般來說，職級越高，發出的管理資訊就應該越抽象，越宏觀；職級越低，發出的資訊就應該越具體，越微觀。

　　史丹佛商學院組織行為學助理教授尼爾‧哈勒維教授和以色列巴伊蘭大學心理學教授亞伊爾‧伯森研究後發現，級別與下屬接近的領導者下達的具體行動指令，以及級別與下屬較遠的領導者發出的抽象資訊會讓人們更投入，也更願意付諸行動。反之也一樣，也就是說，如果級別差異較大的領導者發出過於細化的具體指令，或者當直接上級傳達抽象資訊時，員工的投入程度和積極性都會更低。

如果高層級的管理者總做出一些具體、微觀的指令，事必躬親、管理大大小小的事，結果可能是自己每天忙忙碌碌，但效果平平，還可能滋生懶政現象，上面撥一撥，下面動一動。有副董事長辦公室門口的對聯說得很形象、很到位，「董事長，做銷售，公司排名更落後；一把手，做市場，企業總是不成長。橫批是自我突破」。

有一種管理錯位現象叫比「外行領導內行」還糟糕的是「內行領導內行」，說的是有些管理者自以為是，以專家自居，還事無鉅細，讓下屬完全沒有施展才華的空間。

有一個公司的總經理是財務總監提拔上來的，應該說對財務很熟，這本是好事。但是，他當上了總經理後，沒有按照新職務職責要求完成角色轉換，仍然按照財務總監的思維去做事，他管得很細，細到每一筆財務費用要計哪個會計科目都要批注意見。最後，財務總監和會計變得越來越懶得思考，什麼事都聽總經理的，而總經理因為「種了別人的田，荒了自己的地」，該負責的全域性工作卻一團糟，整個公司上下也因此變得忙亂不堪。

這個案例讓我想起杜拉克的一句話：「最悲哀的，莫過於用最高效的方式去做錯誤的事情了」、「一個在 10 年甚至 15 年間都很稱職的人，為什麼突然之間變得不勝任工作呢？我所見過的事例，幾乎都犯了我 70 年前在倫敦那家銀行裡所犯的錯誤 —— 他們走上了新的職位，做的卻仍然是在老職位上讓他們

得到提拔的那些事情。因此，他們並不是真正不能勝任工作，而是因為做的事情是錯的。」

管理者應該把下屬能做的事，全部交給下屬，一件也不要做，即使下屬做得不完美也在所不惜。這樣可以有兩方面好處：一是給自己留餘地，行不至絕，言不極端，進可攻，退可守，為下一步行動留出了充足空間；二是給別人留餘地，「走別人的路，讓別人無路可走」的下場是自己也將無路可走。

還有一種錯位現象是低層級的管理者，甚至是基層員工喜歡「指點江山，激揚文字」，熱衷於探討策略和哲學。這樣的主角精神雖然可嘉，但是，結果往往事與願違，非但不能升級加薪，甚至連晚餐加個雞腿也得不到。

2.3.3　發揮性格優勢，做最好的自己

美好的生活來自每一天都應用你的突出優勢，有意義的生活還要加上一個條件 —— 將這些優勢用於增加知識、力量和美德上。這樣的生活一定是孕育著有意義的生活，如果神是生命的終點，那麼這種生活必定是神聖的。

—— 美國心理學家　馬丁・賽里格曼（Martin Seligman）

唯大英雄能本色，是真名士自風流。發揮性格優勢，做最好的自己，就是懂得自己的慾望，主動選擇自己想過的生活，讓生命的活力得以更美妙地舒展，這樣，「每個人都了不起」。

在 2016 年 10 月 16 日舉行的神舟十一號載人飛行任務太空人與記者見面會上，太空人景海鵬在回答媒體「您覺得這麼多年來有沒有變化？如果有，最大的變化是什麼？」提問時，堅定地答道，面對每次任務，我都能夠從零做起，而且能夠全力以赴準備，做最好的自己，這是不變的。

MPS 分析工具告訴我們，做最好的自己，除了做的事情有意義（Meaning）、感覺很快樂（Pleasure）外，還要能夠發揮自我性格優勢（Strength）。儘早找到三者之間的交集，作為付出行動的突破口和著力點，這是成就最好的自己的關鍵和基礎。而且越早找到清晰的交集，對人生發展來說就越有利（見圖 2-4）。

如果你足夠幸運，能夠加盟到一個注重員工職業生涯規劃的公司，可以根據個人特點和職位需求，進行職位流動，做自己喜歡、感覺有意義，而且擅長的工作，那是最好不過的事。

賽里格曼認為，幸福感來自於自己的優勢與美德，透過自己努力獲得的幸福才會有真正的幸福感受。優勢和美德是積極的人格特質，它會帶來積極的感受和滿足感。生命最大的成功在於建立及發揮你的優勢。

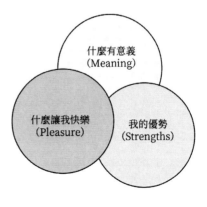

圖 2-4　MPS 職業模型

他與積極心理學家克里斯·彼得森（Christopher Peterson）組織了一個小組，制定了 VIA 性格力量分類手冊，旨在為發展青年的積極性格提供有效途徑。在這個 VIA 計畫裡，他們歸納出六類放之四海而皆準的美德：

第一類是智慧和知識的力量 —— 創造性、好奇心、熱愛學習、思想開放、洞察力。

第二類是意志力量 —— 誠實、負責、勇敢、堅持、熱情。

第三類是人道主義的力量 —— 善良、愛、社會智慧。

第四類是公正的力量 —— 正直、領導力、團隊合作精神。

第五類是節制的力量 —— 原諒、同情、謙遜、審慎、自我調節（自律、控制慾望和情緒）。

第六類是卓越的力量 —— 對美和優點的欣賞、感激、希望、幽默、虔誠及靈性。

身為成年人，我們每個人都會在這些性格中有所偏重，而找到自己的標誌性性格特徵，思考你的個人優勢是什麼？特長是什麼？通常來說，你個人的優勢和擅長是那些對你來說容易做到、進步得很快，或者很容易就有耐心堅持到最後的事情。比如說：你才練了一年鋼琴，就考了四級，這表明鋼琴是可以發揮你性格優勢的專案，「上天賞你這口飯吃」。優勢越多說明你可選擇的機會也就越多。

第三章 支柱1：
培育正面情緒，用熱情消解壓力

積極的心態像太陽，照到哪裡哪裡亮；消極的心態像月亮，初一十五不一樣，照到哪裡哪裡涼。

—— 佚名

世界上所有事情成功與否，就是由這兩種不同心態決定的。有什麼樣的心態，就會有什麼樣的思維行為方式，同樣也會得到兩種截然不同的價值回報。

3.1 正面情緒的力量

積極情緒就是當事情進展順利時，你想微笑時產生的那種好的感受。

—— 英國哲學家　羅素（Bertrand Russell）

積極情緒即正性情緒或具有正效價的情緒，是個體對待自身、他人或事物的積極、正向、穩定的心理傾向，它是一種良性、建設性的心理準備狀態。

3.1.1　好運總是偏愛有積極情緒的人

凡事往好處想，往好處做，必會得到好結果。

—— 北京大學教授　陳春花

好運總是偏愛有積極情緒的人，這種不偏不倚的巧合恰如張愛玲說的，「於千萬年之中，時間的無涯的荒野裡，沒有早一步，也沒有晚一步，剛巧趕上了」。

一、積極情緒的十種形式

心態若改變，態度跟著改變；態度改變，習慣跟著改變；習慣改變，性格跟著改變；性格改變，人生就跟著改變。

—— 美國心理學家　馬斯洛

美國心理學家芭芭拉‧弗雷德里克森（Barbara Fredrickson）教授認為，讓人生機勃勃的積極情緒主要有十種，以出現的相對頻率排順序，依次為喜悅、感激、寧靜、興趣、希望、自豪、逗趣、激勵、敬佩和愛。

1. 喜悅

當我們感受到喜悅時，我們一般處於這樣的情形下：一切按照預定的方式發展，結果符合我們的期待，甚至超出我們的預期。人逢喜事精神爽，月到中秋分外明。喜悅是一種輕快而明亮的感覺，當我們感到喜悅，我們會感到渾身輕鬆，甚至周圍的事物看起來也更生動、順眼，我們可能會想加入他人的談

話，對接下來的事躍躍欲試。

■ 2. 感激

當我們意識到他人對我們的付出，我們會體驗到感激。比如吃完飯後，伴侶主動承擔了洗碗的工作；在你困難時有人援手相助等。感激的對象不一定是人，也可能是某種事物帶給了我們益處。當我們讚賞人、事、物的可貴，感激就出現了。感激會帶給我們「想要付出回報」的衝動，我們會希望對幫助過自己的人做點好事，也可能會想透過幫助其他人來把自己受過的恩惠傳遞出去。

■ 3. 寧靜

非淡泊無以明志，非寧靜無以致遠。寧靜是一種綿柔、低調、放鬆版本的喜悅，通常發生在感覺身處安全而美好的環境中。是在經過了漫長的一天，放下手中工作時長嘆一口氣的感覺；是手裡拿著書閱讀，腿上還窩了一隻貓時的感覺；是早上醒來，聽見風拂過樹葉發出響聲，而被窩溫暖舒適時的感覺。寧靜會讓人們更加沉浸在當下，品味當前的感受。

■ 4. 興趣

興趣是我們在安全的環境中，被一些新穎的人、事、物吸引了注意力時感受到的情緒。我們會被興趣牽引著，去探索、嘗試，去消除神祕，了解更多。興趣可能出現在我們回家的路上，當我們發現有一家新的飯店開業，我們想試試看它的味道；

當我們閱讀一本充滿了新觀點的書時，我們也會大感興趣，和腦子裡的儲存知識作比照……

▌5. 希望

相比平淡的日常，往往在事情發展對我們不利或者存在不確定性時，我們更容易感受到希望。希望的核心是我們相信事情能好轉、好事有可能發生的信念和願望。即使找工作不順利、考試失手、身體檢查發現了異樣，希望仍然讓我們隱隱相信：不論現在如何，事情變好的可能性是存在的。

▌6. 自豪

自豪隨著成就而綻放。你投入努力，並取得成功。這是一種完成一項房屋裝修帶給你的良好感覺，或者是當你在學校或工作中實現了什麼時的感覺，又或者是當你意識到，你的幫助和友善的指導對某個人產生了重要影響時的感覺。

▌7. 逗趣

由衷的逗趣帶來抑制不住的衝動，使你想要發笑並與他人分享你的快樂。分享的笑聲表明，你發現目前是安全和輕鬆的，並且想利用這個得天獨厚的時機來與他人建立連繫。

▌8. 激勵

有時，你無意中發現了真正的卓越。目睹人性最好的一面能夠啟發和振奮你。激勵能集中你的注意力、溫暖你的心，並

吸引你更加進入狀態。激勵不只是感覺很好，它讓你想表達什麼是好的，並親自去做好事。它讓你產生做到最好的衝動，讓你可以達到更高的境界。

▌9. 敬畏

它與激勵的關係密切，它在你大規模地邂逅善舉時產生。你被偉大徹底征服了。相比之下，你感覺渺小和謙卑。敬佩令你停在自己的軌道上。你一時間動彈不得。界限逐漸消失，你感覺你是一個比自己更大的東西的一部分。

▌10. 愛

愛之所以被稱作是一件多彩的事物，是有道理的。它不是一種單一的積極情緒，而是上述的所有，包括喜悅、感激、寧靜、興趣、希望、自豪、逗趣、激勵和敬佩。將這些積極情緒轉變為愛的，是它們的情境。當這些良好的感覺與一種安全且往往是親密的關係相連繫，擾動心靈時，我們稱為愛。

二、理想的情緒配方 —— 積極情緒：消極情緒 =17：6

假若生活中你得到的總是陽光，你早就成沙漠了。

—— 阿拉伯諺語

人們普遍更肯定積極情緒，想更開心、愉悅和舒適 ——這本身是正常的。然而積極情緒太高的話，也會出現很多的問題。比如，積極情緒高的人給人一種打了興奮劑的感覺，讓人

受不了這種著魔的感覺；個人太過積極一段時間之後，也會明顯感覺後力不足，不可持續；再有就是，一個太過積極的人，可能會對自身存在的問題視而不見，錯過及時解決問題的最佳時機。因此，積極情緒不是越多越好，而是要在一定範圍內增加。

同樣，消極情緒也有它積極的一面，它可以讓人精力集中、冷靜思考、更加謹慎，缺失了消極情緒，人會變得輕狂、不踏實、不現實。在面對困境時的本能反應、對於未來不確定的焦慮等適度的消極情緒，反而有利於綜合處理各種資訊，可以保護我們更好地生存下去。

賽里格曼的研究還發現，悲觀的法學院學生表現比樂觀的好，尤其是在傳統的學業評價方面，例如學業成績總平均分和投稿法律期刊的採用率等。所以，對律師來說，悲觀反而是個優點，因為他們把問題看成永久的、普遍的，所以會很謹慎小心地處理它。謹慎的態度會使律師考慮各種可能性，他能預期所有可能發生的問題，因此能幫他的當事人更全面地準備各種應訴資料，成功率就會高。

心理學者羅沙達（Marcial Losada）的研究結論表明，不管是團隊還是個人，當積極情緒和消極情緒的比例大於 2.9013（積極：消極 =17：6）時，團隊或者個人就會積極向上，反之，則會比較消極低沉。無論是在工作、婚姻、生活中都是如此。

但是，這個比例也不宜過大，物極必反永遠是真理。例如積極情緒和消極情緒的比例達到了 17.6 ： 0.4 的時候，人反而開始消極。

　　存在即合理，一切情緒皆有其生存意義，積極情緒和消極情緒都是我們成長過程中的養料。刻意地維持某一種狀態不僅消耗大量的能量，而且可能會帶來風險。我們每個人都如一株樹苗，積極情緒為我們灑下陽光和雨露，消極情緒帶來狂風和暴雨。沒有了積極情緒，我們會很快枯萎凋零，而沒有適當的消極情緒，我們也會不堪一擊，成為溫室裡的盆栽。

　　主持人汪涵說：「人生的趣味，是在你人生不斷向前行走的過程當中，所獲取的所有的情緒。有悲傷，有喜悅，有憤怒，有平靜，所有東西加在一起，那才叫趣味。一直都高興，多無趣啊，一直都悲傷，那也無趣。就像心臟一樣，它一定要搏動。」

　　獲取和調整情緒是我們與生俱來的天賦，我們可以透過自己的努力，實現欣欣向榮的美好未來。我們不是要一味地增加我們的積極情緒，也不是要消除消極情緒。而是在一定範圍內，讓積極情緒和消極情緒兩者和諧共存。即允許消極情緒的存在，也允許積極情緒，在這兩者之間尋求一種平衡，創造出屬於你的一個平衡點。這也是情緒管理一個更高的層次，實現兩者的和諧共存。

3.1.2　成為英雄的四個核心內涵

在我心中，曾經有一個夢，要用歌聲讓你忘了所有的痛，燦爛星空，誰是真的英雄。

——《真心英雄》歌詞

美國管理學家費雷德・盧桑斯（Fred Luthans）認為，心理資本是企業除了經濟、人力、社會三大資本之外的第四大資本。他認為高心理資本象徵一個人內心是強大、勇敢、智慧的，主要有四個核心內涵：希望（Hope）、自我效能（Efficacy）、韌性（Resiliency）、樂觀（Optimism），剛巧這四個單字的首字母組合就是「HERO」。

一、希望（Hope）：夢想不滅，絕不放棄

明天又是新的一天。

——《飄》（*Gone with the Wind*）作者　瑪格麗特・米契爾（Margaret Mitchell）

希望指的是在面對目標時的意志和途徑，你是否願意花數小時，甚至數月堅持不懈，直到完成決心要做到的事情。簡單地說就是「永遠相信美好的事物即將發生」。

・「身在黑暗，心懷光明。」即使在至暗時刻，堅信一直向著光奔跑，總會有那一束光透進來，照亮新的征程。「沒有過不去的冬天，也沒有到不了的春天」。不管現在多麼不堪，

未來一定會好起來的，總有辦法能解決問題。

· 猶如心靈中的甘泉，滋養著人生。一個人最好的狀態莫過於眼裡寫滿了故事，臉上卻看不見風霜，永遠洋溢著陽光。

· 「飄風不終朝，驟雨不終日」。滿懷希望的人面臨種種困難，始終相信終有一天會變好，而且會越來越好，因此絕不輕易言敗。

· 堅持既定目標，必要時重新確定邁向目標的路徑（滿懷希望）以便獲得成功。山再高，往上攀，總能登頂；路再長，走下去，總能到達。

· 領導者是強大心力的代表，尤其是在應對風高浪急的變化中，要做到處變不驚、行穩致遠，讓團隊看到希望，像燈塔一樣，引領團隊走出困境。

二、自我效能（Efficacy）：相信自己，追求理想

先相信自己，然後別人才會相信你。

—— 法國思想家、文學家　羅曼·羅蘭

自我效能指是否相信自己，是否相信自己擁有那些能夠讓你成功的東西。這是自我認知的重要環節，也是實現自我管理的重要途徑。

· 富有自信，認為自己能夠面對一切，勇於把自己的內在世界展示出來，並採取和付諸必要的行動努力去實現挑戰性任務。

- 提供自信，是一種精神動力，可以不斷地自我激勵，自己跟自己較勁，不用揚鞭自奮蹄。
- 相信自己為公司、組織和團隊制定的發展目標和措施，相信自己的能力。人只有在自己真心相信的時候，才可以求得結果，最大限度地接近理想。

三、韌性（Resiliency）：能跌到多深的谷底，就能爬到多高的山峰

　　衡量一個人成功的標誌，不是看他登到頂峰的高度，而是看他跌到谷底的反彈力。

—— 美國軍事家　巴頓（George Patton）

　　韌性，對於那些總是處於高度挑戰的人群來說極端重要。在積極心理學的視角裡，韌性不再是少數幸運者的特權，而成為一種屬於普通人的「日常生活魔力」。同時還是一種「可開發的能力」，它能使人從逆境、衝突，以及失敗中快速回彈和恢復過來。

- 沒有過不去的火焰山。當遭遇逆境或困難，能堅持不懈，從哪裡跌倒就從哪裡爬起來，而且可以迅速恢復活力甚至超越以往，愈挫愈勇，獲取成功。成敗與否，不在當下，往往需要歷史的確認。
- 是一種精神勝利的法寶。「男人可以被毀滅，但不會被擊敗」。要戰勝困難，先戰勝自己。「一壺濁酒喜相逢，古今

多少事，都付笑談中。」放在人生的歷史長河中，無論當前
經歷多麼不堪，將來回首往事，都不過是簡短到只有數頁
的一個章節，乃至是趣事一樁。

· 拿得起、放得下。得意忘形是不折不扣的貶義詞，但比此
更可怕的是失意忘形，習得性無助。要像曹操煮酒論英雄
時說的那樣，能大能小，能升能隱，「大則興雲吐霧，小則
隱介藏形；升則飛騰於宇宙之間，隱則潛伏於波濤之內」。

四、樂觀 (Optimism)：不管風吹浪打，勝似閒庭信步

生活在同一片天空下，抬頭向上仰望，有的人看到的是閃
耀的星星，有的人看到的是漆黑的夜空。

—— 佚名

樂觀代表一種從自律、剖析過去、權變計劃與未雨綢繆中
獲得經驗的現實能力，不應該只是一種自我陶醉，或者不切實
際的自我膨脹。

· 採用獨特的解釋事物的風格，對現實和將來的成功做積極
歸因，會將成功歸因為自己的人格特質，所以成功是永久
的，而且樂觀的人會因此認為自己各方面都很棒。當成功
時，會繼續努力，宜將剩勇追窮寇，最終獲得全面的勝利。

· 面對失敗，他們會把面臨的挫折看成特定的、暫時的，是
別人行為的結果，不歸咎於自己；同時，善於看到好的一
面，堅信總有驚喜等在不遠處，不斷鼓勵自己。他們遇到

挫折後會很快振作起來，實現東山再起。

· 是一種精神策略，能幫助人調劑自己的心情，將失敗的陰霾驅散。把失敗和成功同樣看作是人生常態，不要把每次具體結果看得過重。湯瑪斯·愛迪生 (Thomas Edison) 說得好，「我沒有失敗，我只是發現了一萬種不成功的方法」。

· 使人坦然接受現實，享受人生的各種時光。樂觀和悲觀都是一種生活態度，完全取決於我們對於資訊的解讀，而不是資訊本身如何。

· 靠近樂觀積極的人，遠離悲觀消極的人。樂觀與悲觀都是可以傳染的，跟什麼樣的人在一起，就會有什麼樣的生活態度。

3.1.3　提升幸福感從學會感恩開始

感恩的心，感謝有你，伴我一生，讓我有勇氣做我自己。感恩的心，感謝命運，花開花落，我一樣會珍惜。

——《感恩的心》歌詞

樹高千丈不忘根，人若輝煌莫忘恩。做人要飲水思源，常懷感恩之心，發自內心地唱好同一首歌 ——「感恩的心」。感恩不僅是成功之後再表示，而應該是隨時隨地的事。

一、哪有什麼歲月靜好，不過是有人替我們負重前行

好也罷，壞也罷，晴天也好，陰天也好，一概抱感謝之心。不僅幸運時，即使遭遇災難，也要說聲謝謝，表示感謝。

好歹現在還活著，上蒼還讓自己活得好好的，就衝這一點，也該感謝。

—— 日本企業家　稻盛和夫

「哪有什麼歲月靜好，是有人在替我們負重前行。」當我們說自己的生活如何瀟灑時，要時刻對替我們負重前行的人懷有一顆感恩之心。因為他們，我們才能自由自在地做自己，無所顧忌地追求理想。

小時候的日子是幸福的，我們每天只管開心地玩耍，不用擔心一日三餐如何實現；只管背著書包去上學，不用考慮學費從哪裡來……長大以後，才知道是父母幫我們帶走了所有的心酸，讓我們可以無憂無慮地玩耍；是父母幫我們帶走了所有的勞累，讓我們可以自由自在地學習。

工作以後，我們或事業有成，或快速成長，那一定是在不同時期得到不同的貴人相助。或許，他們幫你時的初衷各有不同，但沒有他們的相助，你一定要在黑暗中摸索更長的時間，甚至永遠也爬不出來。而且一個人的成就越大，幫助他的人也越多。

對別人的幫助，要找機會說出來，而不能悶在心裡，以為對方心知肚明，有心理默契。許多成功人士在公開演講中，不論時間多麼寶貴稀缺，但都不會在真誠感恩方面吝惜用詞用句，而是大講特講，講到讓人理解和感動。

《西遊記》中豬八戒的扮演者馬德華，在其《悟能》新書全球首發儀式上，馬德華訴說自己一路走來，得到很多貴人的幫助，並特別表達了對楊潔導演的感激之情，邊說邊流下了眼淚，「我從進了《西遊記》劇組，一直到《西遊記》拍攝完畢，總覺得好像家裡有一個家長，這個家長又像父親又像母親，雖然有時候我們之間也鬧點矛盾，但是楊導那種愛是永遠不能磨滅的。我一生遇到許多貴人，楊導是我最大的貴人，他把我領進門，拍了《西遊記》，讓全世界這麼多人知道有一個演豬八戒的叫馬德華，他真是給我指了條路。」

　　生活中有些小有成就的人錯就錯在把平臺當成自己的能力，把機會當成自己的實力，把別人的恭維當成真心實意的讚美，被順風順水衝昏了頭腦，便開始貪天之功，自我膨脹起來，真的以為自己可以呼風喚雨、三頭六臂，老子天下第一，團隊離不開自己。殊不知這一切都是平臺帶來的流量，送來的機會。沒有平臺，你什麼都不是！

　　真正的智者會非常清醒地認識平臺的價值，而不會誇大自己的作用。一杯可樂在超市裡只能賣到 2 元，在麥當勞餐廳裡可以賣到 10 元，在上等休閒娛樂場所可以賣到 20 元，甚至更高，這就是平臺效應（Platform Effect）。

　　《財富》（Fortune）雜誌前總編約翰・惠伊（John Huey）說：「全球 500 強 CEO 很多都是我的好朋友，但是，只要我一離開

《財富》雜誌,他們會立即扔掉我的電話號碼。」

這麼說,可能讓人有一種「人走茶涼」之嫌,但是,對於一個運轉健康的組織來說,「人走茶涼」是正常規律。一個領導幹部從職位上退下來,不再負責那份工作,自然也就沒有了那份權力。

真正的智者也會清楚知道時代的價值,他們感謝時代為自己發展送來了東風,而不會把自己看成天生就善於飛翔的小鳥。

二、感恩的人更幸福,得到更多

面對每一個上天給你的機會,你只需要做的一件事情就是感恩,不會感恩上天就不會再給你另外一個機會。

—— 北京大學教授 陳春花

社會上研究感恩的專家學者很多,有關感恩的文章更是浩如煙海。東西方文化差異很大,但有一點卻不約而同,那就是都特別強調感恩的作用。

出人意料的是,世界上首次指出感恩重要性的人竟然是亞當斯密,要知道,他是以強調私利是驅動力的言論而出名的經濟學家。他清晰而又合乎邏輯地說,正是激情與情感將社會交織在一起,情感(比如感激之情)使社會變得更美好、更仁慈、更安全。

毫無疑問,當我們心存感恩時,它會使人產生幫助別人的

行為，就很難同時感受到妒忌、憤怒、仇恨等負面情感，我們的心情更加陽光燦爛。充滿感恩的人能更好地應對生活的壓力，具有更強的抵抗力。即使在困境中，他們也能發現美好的東西，其他人也會更喜歡他們。

大量證據表明，感恩有益身心和事業發展。感恩之心強烈的人，通常對生活更加滿意，行動的動機更加強烈，而且更加健康，睡眠也更加充足，焦慮、憂鬱、孤獨感都會下降。感恩的人更加容易融入生活、融入人群，和大家和諧相處，也更多地接納自我和個人的成長，有更強烈的目的感、意義感和道德感。

另外有研究發現，感恩和工作效率有密切的關係。那些在月底給自己的員工寫一封感恩信的領導，可以顯著提高手下人的工作積極性，讓生產效率提高 20%。

人類最好的生活品質就是感恩之心，感恩的好處多多，也會因此收穫更多。凡事皆有因果，顯而易見人們更願意幫助那些過去一直感恩他們的人，而不願幫助那些忘恩負義的「白眼狼」。

人性最大的惡，是不懂感恩，「不懂感恩是所有邪惡之源」、「不感恩是人可以做的最恐怖和最不應該的惡」。莎士比亞在《李爾王》（King Lear）裡更是形象地寫道：「一個忘恩負義的孩子比毒蛇的牙齒更讓人痛徹心扉。」

案例：劉姥姥兩次進大觀園的不同待遇

　　紅樓夢中有一個人物塑造得很成功，很滑稽，也很精彩，那就是劉姥姥。在前八十回中，她曾經兩進榮國府，雖然嘴上說著是去探親，但是心裡面打的算盤大家都是心知肚明，那就是攀富親戚。

　　劉姥姥第一次進大觀園：劉姥姥第一次鼓起勇氣踏進大觀園，是因為家裡邊的生活實在是過不下去了，兒孫都等著吃飯，可是家中又沒有餘糧。在生活與尊嚴面前，大家都會選擇前者，更何況劉姥姥是一個半隻身子埋進黃土裡的人，還在乎什麼面子呢？於是她衣衫襤褸地跨進大觀園，為了給自己壯膽，還帶上了小孫子。

　　這次，王熙鳳顯然是隨便打發劉姥姥這家窮親戚，從鳳姐的言談舉止中便可以一眼看出。鳳姐說：「這是二十兩銀子，暫且給這孩子做件冬衣罷。

　　若不拿著，就真是怪我了。這錢僱車坐罷。改日無事，只管來逛逛，方是親戚們的意思。天也晚了，也不虛留你們了，到家裡該問好的問個好兒罷。」

　　一面說，一面就站了起來，顯然是端茶送客的意思。

　　劉姥姥第二次進大觀園：劉姥姥是一個感恩的人，在家裡的農產品收成之後，特地給自己的富親戚帶來一些原汁原味原產地的土特產。幾袋帶著泥土氣息的新鮮瓜果，讓王熙鳳看到

了一個知恩圖報、令人尊敬、與眾不同的劉姥姥。

　　別的姥姥拿到賈府的資助後繼續混吃等死，但是劉姥姥卻用賈府的接濟置辦田地，種了這麼些莊稼出來。於是，王熙鳳對她的態度發生了逆轉，就留她住宿，好吃好喝好拿地招待她。

　　這一次，劉姥姥所見所聞就比第一次擴大了好幾倍，於是上至最高人物賈母，下至寶玉、黛玉等貴族青年，在這一回都出現在了她眼前。最後，還得了一筆鉅款：一百零八兩銀子和其他的珍貴東西。

　　後來故事的發展也證實了王熙鳳的眼光之毒。在賈府被抄家走向窮途末路時，劉姥姥與孫子捨身救下險些賣進妓院的巧姐 —— 王熙鳳的女兒，也體現了這點。

3.2　從環境中吸收正能量

　　　天行健，君子以自強不息；地勢坤，君子以厚德載物。

　　　　　　　　　　　　　　　　　　　　　　　　　　　　—— 《周易》

　　人活天地之間，要想有所作為，就必須效仿天體的執行和大地的寬厚，擁有奮發圖強、積極向上的陽剛秉賦，以及胸懷寬廣、品德高尚的陰柔品質，遵循天道，順應規律，從天地間持續汲取能量，同時，減少能量的消耗。

3.2.1 正念冥想，消減壓力

冥想的目的就是以一種積極的、精神上的方式實現內心的平靜和世界的平靜。世界並不是一個平靜的地方，而且在每個人的靈魂深處都會有某種緊張和壓力，所以，營造一種積極而平靜的心境是很關鍵的，這樣才能給我們的內心帶來平靜。冥想是能夠帶來改變、培養內在潛力的最佳方式之一。

—— 美國籃球運動員　柯比・布萊恩（Kobe Bryant）

正念冥想是將你從過去或未來中拉回到當下的有效方法。簡單地說，正念冥想就是讓你有意識地專注在當下的體驗，無論那個當下是怎樣的，對內外部經驗不評判的關注，從觀察者角度體驗內部經驗。

在正念冥想體驗中，我們帶著全然的覺知去安住於當下時，進入一種精神高度集中於當下、高度覺察，同時又放鬆而單純的精神狀態，幫助我們適時調整自己的情緒，不僅可以體驗到喜悅，品嘗幸福，也能夠體驗苦難，與風暴波瀾更坦然相處。在那裡，我們可以找到真正的歡樂，尋回真正的力量，擁抱真正的自我。

正念冥想，是大腦的一種刻意練習，它能隨時隨地給大腦按個暫停鍵，清除雜念與壓力，讓你的大腦得到高效的休息，常有「正念冥想五分鐘等於深度睡眠一小時」的比喻，還可以幫助你對抗憂鬱，提升大腦的專注力、創造力、情緒管理能力

等，被稱為「健康的要素，事業的助手」。

有研究結果表明，長期堅持正念冥想，腦部結構也會發生物理變化，負責注意力和綜合情緒的皮層變厚，與學習、記憶能力有關海馬區的腦灰質變厚，與焦慮、恐懼及心理壓力有關的杏仁核區腦灰質變薄。

正念冥想，還是從獨處中汲取能量的有效方式，在社會上呈現越來越流行的趨勢。公開數據顯示，一些知名大咖和財富500 強公司也在積極實踐正念冥想，並從中獲益良多。阿諾·史瓦辛格（Arnold Schwarzenegger）描述了他本人藉助正念冥想發現的蛻變，深有感觸地說：「它改變了我的一生，不僅我的焦慮感消失了，我的情緒也比之前穩定。直到今天，我仍然從中獲益。」Google 公司內部每年舉辦四次正念課程，每次長達七週，幫助幾千名 Google 員工拓展思維空間，激發創意和靈感。

常言道，吃飯穿衣，坐臥行走都是禪。基於東方佛學思想的正念操作簡單方便，可以隨時隨地，坐在辦公室椅子或墊子上，在出差路上，甚至會議間隙也可以完成。

▋ 正念冥想的練習方法

· 放慢你的呼吸：調整姿勢，把自己的身體安放在放鬆但警覺的狀態中，再將注意力放在呼吸上。感受空氣流經鼻孔的感覺，覺知吸氣、呼氣，以及兩者之間的停頓。把注意力立刻帶到自己身上、帶到當下，用你的呼吸撫慰你的內

在，跟自己內在在一起。

· 跟自己身體貼近，覺察自己身上有哪些沒有放鬆的地方，然後讓自己放鬆。

· 放空你的頭腦，什麼都不想。當你走神時，比如突然想到一件事還沒有做，這時你需要做的只是告訴自己：「哦，我知道了，回到呼吸上吧」。

3.2.2　從他人身上獲取積極情緒的三個方法

三人行，必有我師焉。

—— 孔子

每個人身上都有自己的閃光點，我們可以從那些失敗者身上學得教訓，從平庸者身上見到世俗，從成功者身上汲取智慧，從卑鄙者身上懂得謀略，甚至從孩子身上也可以重拾忘卻已久的純粹快樂。一代宗師一定是集大成者，以天下為師，向每個人學習，集眾家之長，然後才可以師天下。

一、多向有結果的成功人士學習

不要相信普通人給你的建議，建議通常是無效的。因為如果有效，他就不會是普通人。

—— 美國演說家　東尼‧羅賓斯（Tony Robbins）

再叫好的票，如果不叫座，也就沒有任何意義。任何一個能夠影響時代、影響團隊的人，都不是白給的，都有兩把刷

子。結果是最好的證據，最有信服力，不會撒謊，也不會騙人。因此，我們應向每個人學習，更應向有結果的成功人士學習，哪怕就是翻翻成功者的傳記，也可能改變人生的軌跡。卡內基說：「如果不是看了富蘭克林（Benjamin Franklin）的自傳，我根本就沒有勇氣走出家鄉，開始我的創業歷程。」

近朱者赤，近墨者黑，近貴者富。學習成功人士最有效、最直接的方式就是接近他們，努力和他們站在一起。如果仔細觀察，不難發現：成功人士總是活力充沛、熱情澎湃，具有強大的磁場，擁有超大的腦容量，內心蘊藏著無窮的智慧，渾身散發著喜悅與愛的能量，他的一言一行、一舉一動都有強大的感染力和號召力。與他在一起時，大家都會情不自禁感到快樂。

一個朋友教育孩子非常成功，三個孩子一個比一個有出息，全部畢業於 985 名校，個個都是棟梁之才，大兒子還獲得了美國總統勳章，讓人豔羨不已。一次，曾向他請教家庭教育經驗，他說：「我其實並沒有做什麼特別的事。如果非要說一條的話，那就是在力所能及的範圍內，幫助孩子引薦他們想見的高人，利用榜樣的力量，鼓勵孩子成為最好的自己。」

數據顯示，一般情況下，一個人的能量場終其一生也不會發生多大變化。但是，說不定某種機緣把你帶到了某位大師的課堂上，現場聽課的震撼使你當時覺醒，這樣的覺醒力量也許在一天之內就把你的能力提高好幾層級。有道是「聽君一席話，

勝讀十年書」，這種感覺好像吸氧了一般神奇，茅塞頓開，突然有以前的日子算是白活的感覺，現在才開始從圈外走向圈內。

　　比現場見到成功人士更有效的是直接得到成功人士的當面指點。韓寒說：「一個人多優秀，要看他有誰指點。」經師易遇，人師難求。人生路上行至半途，驀然回首，發現原來自己之所以與很多機遇擦肩而過，缺少那麼一個在關鍵時刻能夠幫你點明要害的貴人。細細體會一下，如果不是某個高人當面給你的一個提示，你怎麼會看到更高的可能性呢？

二、勇於「班門弄斧」，跟成功人士過招

　　跟我們角力的人能培養我們的膽識，磨礪我們的技巧。敵人就是我們的好幫手。

　　　　── 愛爾蘭政治家　埃德蒙‧伯克（Edmund Burke）

　　說起「班門弄斧」，我們首先想到的是一種貶義說法，關羽面前耍大刀，心裡沒數，不知天高地厚。但是，這裡說的「班門弄斧」是一種有效的學習方法，就是勇於跟成功人士過招，感受成功人士思考、說話、做事的行為方式。

　　好馬與劣馬一起賽跑，最終會越跑越慢；而與更優秀的對手比賽，則會越戰越勇。一個人想要獲得什麼樣的成就，往往取決於對手是誰，對手的層次和水準如何。如果你同羚羊戰鬥，那麼你所掌握的技巧至多隻能打敗一頭羚羊；如果你同老虎戰鬥，那麼即便你不能擊倒一頭老虎，但至少也可能打敗一匹豺狼。

要成功需要朋友，要巨大的成功，就需要偉大的對手。強大的對手，永遠是成長的最好夥伴，也只有強大的對手才能造就出更強大的勝利者。想讓自己跑得越來越快的簡單方法就是投入一個競爭性的環境，尋找一個好的競爭對手，讓自己時刻都存在一定的競爭壓力和威脅。只有同行者更強大，自己才會更卓越。

2016 年 3 月 7 日，是寶馬汽車誕生 100 週年的日子。這一天，已有 130 年歷史的老對手賓士發了一張海報：

「感謝 100 年的競爭！沒有寶馬的那前 30 年，其實感覺很無聊。

如果沒有寶馬夥伴一路同行：也沒有最創新的科技、最酷的設計、最好的顧客滿意度！當然，還有銷售、市占率、利潤……

感謝一百年的競爭！生日快樂！BMW。」

三、具有「相似度」的學習對象更值得借鑑

物以類聚，人以群分。我們總是喜歡那些和我們在社會文化、經濟實力、財富、地位、階層、教育背景等方面相似的人，以及那些和我們在性格、品德、格局、思維方式、智商、情商等方面相似的人。

—— 清華大學心理學教授　彭凱平

在日常工作中，我們提出要遠學什麼、近學什麼等學習計畫，甚至不遠千里，求經問寶，但是，學習對象的先進性與否並不是決定學習效果的主要因素，能否適合自己才是更重要的衡量標準。比如，一些學習對象的確很棒，水準一流，無可挑剔，但是，讓一個管理鬆散、剛剛起步的小企業去學習，很可能不見成效，甚至會死得更快。要知道，有些對象就是學不來，無法複製的。

一篇叫〈讀完 MBA 後，公司終於倒閉了……〉的文章在網上傳得沸沸揚揚，說出了當今 MBA 教育的痛點：那些沒有任何實踐經驗、空洞的理論知識十分淵博的教授博士們，所傳授的書本知識，來源於那些大企業（很多是跨國集團）的運作策略，而且是過去式（書本上所選案例幾乎都是特定時代、特定背景下的過時案例），而參加總裁班學習的學員，幾乎都是小微型企業的老闆。你本身只是一個蚊子的體量，卻要學飼養大象的方法，不死才怪！

和差距過大的成功人士比較起來有更多借鑑意義的往往是相似的榜樣。人們更願意接受與自己看法相似的資訊，讓別人的觀點來驗證自己的判斷，選擇性地忽略與自己看法不一致的資訊。我們往往從那些具有「相似度」的學習對象中獲得更多的啟示，所以不必捨近求遠，盲目跟風向遠處不相干的高手學習，身邊的相似兄弟更值得學習，效果也更好。

根據社會科學研究，在「聰明才智、吸引力、相似度、地理位置相近、社會地位高」等 5 項中，接受調查的人大多數選擇了「相似度」，研究結果表明，那些與我們相似的人更容易影響我們。

我們不但要善於學習相似對象的優點，還要從他們的錯誤中進行學習。

巴菲特說：「人們總說透過錯誤進行學習，我覺得最好是盡量從別人的錯誤裡學習。」因為一個人經歷的事情畢竟有限，你不可能逐一試錯，而且有些錯誤是我們人生所不能承受的。因此，你如果聰明的話，要善於從別人的錯誤中學習，吸取教訓，讓自己少走彎路。

3.3　正向應對職場壓力

井無壓力不出油，人無壓力輕飄飄。

—— 佚名

壓力具有雙重性。一方面，適度的壓力，能讓我們保持動力，不斷前進。另一方面，壓力山大又是幸福的第一殺手，會導致一系列生理和心理問題。我們所能做的，並非視而不見，亦不能視為洪水猛獸，而是正確看待壓力，積極化解壓力。

3.3.1　正確應對職場壓力三部曲

當一個人極端憤怒時往往就無法深謀遠慮，正如傳統文學作品中的人物 —— 無論是張飛還是李逵，動不動便要殺他個片甲不留的猛將，似乎永遠是計略不足的；而能夠在談笑間檣櫓灰飛煙滅的，如諸葛孔明般的，總是帶著瞭然於腦的淡淡微笑。

—— 清華大學心理學教授　彭凱平

心理學研究顯示：憤怒情緒確實使人變得「目光短淺」——當看到令人憤怒的圖片之後，人們更難注意到事物的整體，注意範圍也變窄了。因此，如果你手頭上還有事情，尤其是重要事情時，應該先平息情緒，等心情平靜後再處理事情，不要帶著負面情緒衝動行事。

▋ 1. 叫停你的事情，先讓自己靜下來。

「知止而後有定，定而後能靜，靜而後能安，安而後能慮，慮而後能得。」當情緒失控時，要果斷 STOP，越重要的事情越是要停下來，先讓自己靜下來，避免火上澆油，錯上加錯，將來追悔莫及。因為情緒一激動，理性思維就鎖死，就像大腦當機一樣，就不太動了，所以古人說：「極怒時莫與人書，極喜時莫與人物」。

這其實與我們的大腦構造有關，人類的大腦有杏仁核和大腦皮質層，前者控制我們的情緒，後者控制我們的理性。而大腦的基本工作原理是：當杏仁核工作的時候，大腦皮質層自

動休眠。這也就是為什麼當我們情緒上來時，是完全不可理喻的，因為控制理性的大腦皮質層停止了工作。先處理心情，就是讓控制心情的杏仁核安靜下來，讓大腦皮質層啟動工作，打造輕鬆抗壓的身心節奏。

．讓自己安靜下來。只有安靜下來，才能不被各種雜音所干擾，才能不被各種雜念所左右，才有可能做出最優的決策。法國的試驗表明，噪音在 55 分貝時，孩子的理解錯誤率為 4.3%，而噪音在 60 分貝以上時，理解錯誤率則上升到 15%。

．呼吸你的想法。有一句禪宗格言說的是「生命在一吸一呼之間」。專家研究發現，有一種呼吸組合對壓力下降和杏仁核安靜最有用，深呼吸，吸氣的時候肚子要鼓起來，意念集中，不胡思亂想，最重要的練習就叫做專注當下，而這個專注有兩種，一種是專注我的念頭，另外一種叫做放空，什麼都不想。如果你做 4 分鐘以上，大腦裡面的壓力大的時候杏仁核會有三四種荷爾蒙分泌最後往下降，然後血液裡面的氧氣、二氧化碳就調為正常。

2. 用積極的眼光看待壓力、化解壓力。

首先，要承認壓力的存在。也就是說當你感受到壓力時，不逃避它，允許自己感知到壓力，包括它是如何影響身體的。觀察自己面對壓力時的生理和心理反應，以及自己所處的環境。記錄下來，慢慢你就能總結出自己和壓力的相處規律。

其次，要歡迎壓力。有壓力，說明眼下你面對的事情和人，是你在意的，珍惜的，對你有價值的。研究顯示，壓力會促使我們的人體分泌催產素，調動並增強我們的社交機能。同時我們加速跳動的心臟，也在往大腦和身體的各個角落輸送養料和氧氣。

然後，運用壓力給你的能量。不要浪費時間去想，怎麼才能緩解或消除壓力，而是要思考：造成壓力的根本問題是什麼？怎樣的努力才能直接作用於壓力的導火線？

一步兩步，兩步三步；一次兩次，兩次三次⋯⋯ 相信你會逐漸感受到壓力的好處，更能培養出自己應對壓力的策略。

3. 再處理事情。

磨刀不誤砍柴工。在處理好心情後，再按照「審大小而圖之，酌緩急而布之，連上下而通之，衡內外而施之」的原則，分出輕重緩急，大小上下，穩步推進事情的解決。

3.3.2　積極化解壓力的四種方法

治國如治水，堵不如疏，疏不如引。

—— 佚名

一個人如果壓力山大，會在人的精神體系內形成一種間隔效能量，導致身體調節機能紊亂，思想體系運轉失衡，甚至引發疾病，一夜黑髮變白髮。

二、多賺錢，多一些選擇的權利

不是有錢卻很善良，是有錢所以善良，如果我有這些錢的話，我也可以很善良，超級善良，錢就是熨斗，可以把一切都熨平了。

—— 韓國電影《寄生上流》經典臺詞

奧斯卡·王爾德（Oscar Wilde）說：「在我年輕時，曾以為金錢是世界上最重要的東西。現在我老了，才知道的確如此。」錢的確是個好東西，世間 90％ 的事情都可以用錢來解決，剩下的 10％ 也可以用錢來緩解。

「有恆產者有恆心，無恆產者無恆心。苟無恆心，放闢邪侈，無不為已。」當你銀行卡里的數字一點點增長，心中的底氣才能一點點增加，選擇的權利也會變得更多。

沒錢你連選擇的權利都會被剝奪！有位文化名人給她兒子寫了一封信，信上說：「孩子，我要求你讀書用功，不是因為我要你跟別人比成績，而是因為，我希望你將來會擁有選擇的權利。選擇有意義、有時間的工作，而不是被迫謀生。」

一個十分炎熱的夏日午後，太陽在炙烤著大地。我帶兒子本來想打車回去的，臨時起意，想改坐公車，讓他體驗一下生活的艱辛。

公車站臺上已有一個五十歲的老婦人，頭髮花白，她看來已經等了一時了，身上的衣服很舊並且溼透了。

等了大約十分鐘，兒子眼尖，遠遠地看見公車來了，突然驚喜地叫道：「爸爸，2路公車來了！」

老婦人也很高興，嘴裡喃喃地說：「終於來了！」

很快公車就進站了，我和兒子正準備乘車時，突然看到老婦人高興的臉神又黯淡了起來，嘴裡自言自語道：「怎麼又是空調車呀？！」

我和兒子上車了，老婦人猶豫了一下，最終還是沒有上。在車上，孩子問我：「那個奶奶怎麼不上車呀？」

我說：「空調車票2元，不帶空調的車票1元。那個奶奶或許在省錢，為她的孫子買一支鉛筆或者存錢買上學的書包！」

三、人間煙火氣，最撫凡人心

> 幸福的生活，永遠從飄著菜飯香味的廚房開始。
>
> —— 歐派廣告語

「人間煙火氣，最撫凡人心。」我們都是平凡之人，都不是從石頭縫裡蹦出來的，工作煩了，打拚累了，到人間煙火處調整一下，也是很好的壓力釋放方式。

你應該體驗過，將工作的事情拋到腦後，逛逛菜市場，走進廚房，繫上圍裙，在砧板上細細切碎生活中的酸甜苦辣，在油鍋裡慢慢煎炒人生中的悲歡離合，也可以獲得心靈治癒。古龍說，當一個人對生活失去希望，就放他去菜市場。因為不論

怎麼心如死灰的人，一進菜市場，再次真實地嗅到人間煙火的氣息，也必定會重新萌發出對生活的一絲眷戀。

你應該體驗過，用心去拖拖地，整理一下亂七八糟的房間，給綠植澆澆水、剪剪枝，沉浸在一種體力勞動中，可以讓你暫時忘記煩惱，還能給人帶來心靈的平和與力量。幹家務的時候，會讓你的手保持忙碌，同時讓你的腦袋感到放鬆，甚至會有特別治癒的成就感。

你應該體驗過，遠離鋼筋水泥城市的喧囂，到農村親手打理屬於自己的一畝三分地，自己種菜、自己採摘，不必有農藥殘留之苦，不再有食材不新鮮之憂，既滿足了對品質消費的追求，還可以體驗耕種過程中勞動的快樂，這是一種更爽的休閒方式。

你應該體驗過，在炎炎夏夜吃燒烤吃小龍蝦，將「長在手上」的手機放在一邊，邊吃邊喝邊聊，把人生故事揉進一杯杯平順甘醇的啤酒裡，朋友間面對面侃侃而談，互相傾訴一下心裡的話，那一刻，所有的壓力都跑到九霄雲外去了……

四、表露創傷，也是一種治癒

把你的痛苦告訴給你的知心朋友，就會減掉一半；把快樂與你的朋友分享，快樂就會一分為二。

—— 英國哲學家　弗朗西斯・培根

據統計，超過 50% 的人在一生中會至少經歷一次創傷事件。如果我們將創傷事件和情緒憋在心裡太久，總是壓抑自己

的真實情緒，會引發更多的健康問題。但是透過創傷表露，卻可以取得超乎想像的效果。

　　所謂表露創傷就是將創傷經歷和感受用文字或語言表達出來，翻譯成現在的一個流行詞就是「吐槽」。

　　心理學家發現：從每天都可能遇到的小小煩心事，到失業、失戀、失去健康這些較大的人生挫折……遇到這一切黑暗之後，用文字書寫下來的表達，是找回幸福光明的關鍵所在。

　　表露創傷，其實是一種治癒。心理學上有一種說法叫「與人連結，痛苦減半」。研究指出，透過表露創傷來獲得治癒的關鍵，其實不在於對方是什麼身分，和我們的關係如何，而是在於是否能夠獲得支持性回應，即傾聽的人能否恰當地理解、關懷和支持受到創傷的人。所以，選擇最願意支持我們、最值得信賴的人作為樹洞，坦誠地說說自己心裡的話，這是安全進行創傷表露的重要一環。

　　通常，人們會選擇先試探性地和家人、朋友等親近的人來談論創傷，方式也往往比較迂迴，透過反覆試探，繞很多圈子，才有可能涉及到真正的創傷事件。而在確定對方可以接受我們對創傷事件的描述，收到一部分積極、安全的回饋後，人們才會進一步表露自己在創傷中的角色、感受，以及回憶的一些細節。這種做法是有必要的，可以有效避免二次創傷。

第四章　支柱 2：
投身所愛，讓工作帶來的心流消弭壓力

人類最美麗的命運、最美妙的運氣，就是從事自己喜愛的事情並獲得報酬。

—— 美國心理學家　亞伯拉罕‧馬斯洛

有記者問晚年的佛洛伊德 (Sigmund Freud)：「老師，你能不能總結一下這 50 年研究心理學的經驗？能不能一句話告訴我對人最重要的是什麼？」佛洛伊德只答兩句話 :「去愛！去工作！」

4.1　愛上工作，享受心流的魅力

不必脫離俗世，工作現場就是最好的磨練意志的地方，工作本身就是最好的修行，每天認真工作就能夠塑造高尚的人格，就能獲得幸福的人生。希望大家銘記這一點。

—— 日本企業家　稻盛和夫

在人生的時間軸中，除了吃飯睡覺，大部分時間是在工作中度過的。一個人從 25-60 歲，大約需要工作 7 萬小時。因此，一個熱愛生活的人，請從熱愛工作開始吧。

4.1.1　專心致志讓人更快樂

> 雙雙瓦雀行書案，點點楊花入硯池。
> 閒坐小窗讀周易，不知春去幾多時。
>
> —— 南宋詩人　葉採

一個人找到真正熱愛的事情，投身其中，完全出於自發的興趣，而不在於報酬、獎勵、評價等外界誘因，這是幸福的源泉和基礎。心理學家研究表明，如果一個人能夠專注於某件事，身心就會處於一種十分和諧的安穩中，很容易引發一種超然舒緩的喜悅感。

一、心流，你了解嗎？

> 庖丁為文惠君解牛，手之所觸，肩之所倚，足之所履，膝之所踦，砉然向然，奏刀騞然，莫不中音。合於《桑林》之舞，乃中《經首》之會。
>
> —— 莊子

美國心理學家米哈伊教授調查了 600 多個人獲得成功的原因後發現，這些人能夠將自己的事業做到極致，不是因為他們的智商、情商、家境、學歷比別人高多少，而是因為特別擅長做一件事情 —— 在做自己特別喜歡做的事情時，能夠全神貫注，沉浸其中，物我兩忘，心無旁騖。

這位心理學家把這個體驗叫做 flow。心流主要有六個特徵：

▌ 1. 注意力完全集中。

你的注意力被高度鎖定在正在做的這件事上，全神貫注，沉浸其中，如痴如醉。

▌ 2. 意識和行動融為一體。

辛棄疾有一句很著名的詞：「我看青山多嫵媚，料青山看我應如是。」

你已經忘記了自己，完全融化在這件事之中，此時不知是何時，此身不知在何處。

▌ 3. 內心評判聲音消失。

我們在日常狀態下，大腦中總有個聲音在對自己做各種評判。比如你畫一幅畫，這一筆下去到底好不好？你跟人說一句話，這句話說的對不對？你大腦中總有個聲音在評價你自己：這一筆有點重，那句話不妥啊……而在心流狀態下，那個聲音消失了。此時，你不太在乎別人的評價，也不在乎最後的結果，就是一種欣賞行動本身。

▌ 4. 時間感消失。

你忘記了時間的流動。一般表現為時間加速，明明已經過了幾個小時，你還以為只過了幾分鐘；明明過去了三年，還感覺如同昨天一樣。還有可能是時間凍結，比如你在海面衝浪，或者做別的什麼高難度的體育動作，明明只是一瞬間的事兒，

卻能非常切實地感覺到那一瞬間的豐富體驗，好像慢鏡頭一樣一幀一幀地過，你感到時間很長。變快也好變慢也罷，這個現象都叫「深度的現在」：你就如同永遠停留在了現在。

■ 5. 強烈的自主。

駕輕就熟，有特別好的控制感。你感覺完全掌控局面——而這個局面恰恰又是平時不可掌控的。比如一個籃球運動員，手感來了怎麼打怎麼有、怎麼投怎麼進，就好像球被你馴服了一樣……這一刻你是自己命運的主人。

■ 6. 強烈的愉悅感。

「爽」和「high」還不足以形容那種愉悅感的豐富性，反正是特別高興，特別滿足，特別和樂自得，特別酣暢淋漓，「這感覺，夠爽」。心流，是工作生活給個人最好的獎勵。你對那種感覺的印象是如此之深刻，如此之美好，以至於寧可冒很大的危險也想再來一次，死了也要做。

從生理科學方面來看，心流的前提是我們要主動關閉大腦的前額葉皮層的一部分功能，心流的過程是大腦分泌「正腎上腺素」和「多巴胺」等六種激素，不斷深入，心流的愉悅感也自這些激素。心流不再僅僅是人腦這個黑盒子的外部表現，而是有了實實在在的大腦硬體工作原理的解釋。

幸福的人更經常進入心流，經常進入心流的人感到更幸

福。那麼，做什麼樣的事情容易產生心流的體會呢？科學研究顯示，最重要的就是做自己愛做的事情。

書畫家作書畫時，把自己關在畫室裡，長時間沉浸其中，不但不感覺孤獨，還不願被打擾，內心有高度的興奮及充實感，這是心流狀態。

喜歡攝影的人，遇到美麗的風景，可以拍一個景色半天不動，不怕日曬雨淋，不懼嚴寒酷暑，廢寢忘食，怡然自得，這是心流狀態。

喜歡運動的人，進入到一定狀態之後，會有神清氣爽，精力充沛，甚至會產生上癮的感覺，這也是心流狀態……

二、專心致志比走神時更快樂

不管什麼工作，只要拚命投入就會產生成果，從中會產生快樂和興趣。一旦有了興趣，就會來幹勁，又會產生好的結果，在這種良性循環過程中，不知不覺你就喜歡上了自己的工作。

—— 日本企業家　稻盛和夫

哈佛大學進行了一項研究，對 2250 人進行了數據採集，發現人們在 46.9% 的清醒時間中，心思並不在所進行的事情上，而在處理過度思維的「背景噪聲」上。人類所特有的「背景噪聲」，導致其長期處於慢性喚起的興奮狀態，進而引發失眠、神經衰弱、焦慮等亞健康症狀。人們走神時比專心於當下更加不快樂。

無論你現在做的事情有多讓你不開心，只要你走神，你都會變得更不開心。並且即使你是為了逃避當下而思緒紛飛去想其他更快樂的事情，這樣舒心怡人的神遊內容也不會讓你更快樂。

為了解釋是不快樂導致走神還是走神導致不快樂，研究者對比了「現在走神」和「後面不快樂」以及「現在不快樂」和「後面走神」這兩組關係，來比較「走神」和「不快樂」之間的因果關係。最後得出結論，「現在走神」和「不快樂」之間有較強的聯繫，而「現在不快樂」和「後面走神」之間則沒有明顯的關係。說明瞭更有可能是走神導致了不快樂。

專心致志不僅讓人更加快樂，而且對男人來說，全身心做事情時讓女人感覺更有魅力。哈佛大學的一項研究顯示，女性看男性，兩個瞬間最性感，第一就是光著上身做飯，第二就是全身心做事情，比如眉頭緊鎖、伏案深思的律師；緊盯儀表板、沉著冷靜的飛行員；深謀精算、步步為營的商人。這是一種強者的氣質，是將來成為人中豪傑的磁場。因為思想，所以性感；因為性感，所以吸引。

美國電影《麥迪遜之橋》（*The Bridges of Madison County*）裡有這樣一個經典片段：其中有一個片段就是男主角羅伯特接受女主角芬琪卡的邀請，兩人在橋邊一起約會的情景。男主角作為雜誌的攝影師，出於工作需要，專心致志地在廊橋下面拍照，那種對攝影的專業、專注和專心，好像女主角不在一樣。

女主角偷偷從橋上觀察在橋下拍照的男主角，心裡的小鹿亂撞，臉上表情竟然有了微妙變化，這也為兩人下一步感情的昇華做出了鋪墊。可以推斷，在女主角眼裡，投身工作、享受攝影的男主角在那時那刻是特別性感的。

　　然而遺憾的是，分心走神是我們日常工作生活的常態。著名社會心理學教授丹尼爾·T·吉爾伯特（Daniel Todd Gilbert）的一項研究報告表明。不管在做什麼，人們的分心走神都極為頻繁。其中在梳妝打扮時有 70% 的人會走神、在工作時有 50% 的人會走神、在鍛鍊時有 40% 的人會走神，都出現了走神，平均「走神率」高達 46.9%。幾乎所有的日常活動中都有超過 30% 的人出現了走神。這些來自日常生活的真實數據遠遠高於實驗室條件下測得的數據。

　　要實現專心致志，避免分心走神，最好是找一份難易適中的工作，讓自己處於「良性壓力」狀態。耶基斯－多德森定律（Yerkes–Dodson law）反應了壓力與表現之間的關係。空閒狀態幾乎不能分泌出應激荷爾蒙，表現由此受到影響。如果我們獲得更多的激勵和投入感，「良性壓力」會促使我們進入最佳表現狀態，可以精力充沛地完成當前任務，感到喜悅和幸福。如果任務難度過大，我們承受的壓力太大就會筋疲力盡，此時應激荷爾蒙水準升高，人就會進入失控狀態，認知能力降低，最終影響表現。

有一個神奇的數字 15.87%，說的是當你訓練一個東西的時候，你給它的內容中應該有大約 85% 熟悉的，有 15% 感到意外的。研究者把這個結論稱為「85% 規則」，把 15.87% 叫做「最佳意外率」。這個數值就是工作學習的「甜蜜點」。

電子遊戲的設計者運用這個比率來增強遊戲的好玩性。15% 左右的犯錯率，是最好玩的遊戲。如果在這個遊戲關卡中玩家都一點都不會犯錯，輕鬆過關，那遊戲玩家會感到無聊。如果讓玩家頻頻犯錯，那設定太難了，也玩不下去。

4.2　用「五心」態度，做一個有專業的人

做學問必須具備「五心」—— 愛心、專心、細心、恆心和虛心。

—— 教育家　趙景深

正如一句經典臺詞裡說的那樣，「海燕啊，你可長點心吧！」在這個智商過剩的時代，走心是唯一的技巧。做學問與做工作是相通的。勞動者也要以「五心」的心態對待工作，努力做一個有專業的人。五心不定，輸得乾乾淨淨！

4.2.1　職位是暫時的，唯有專業永恆

總裁的職位是暫時的，唯有專業永恆。

—— 某知名企業家

一個朋友在知名大學擔任輔導員，工作成績斐然，在全校上百名輔導員中脫穎而出，多次榮獲「優良輔導員」，還得到了一堆證書。但是，在私下聊天時，他說自己總是有些莫名的焦慮。

　　我很不解，大學是收入穩定的事業單位，自己的工作還這麼出彩，有什麼可焦慮的？他說：「術業有專攻。作為一個大學老師，如果沒有自己的專業，總是感覺有缺憾。一旦卸任了輔導員，感覺自己什麼都不是，但是專業可以跟隨自己一輩子。」

　　其實，不僅大學教師，任何職位都是暫時的，人走茶涼，而擁有自己的專業卻是永恆的，這樣的人也更有底氣和自信。三百六十行，行行出狀元。

　　沒有工作好不好，只有工作做得好不好。任何專業的人都值得尊重，都了不起。

　　周潤發在電影《無雙》中說：「任何事，做到極致就是藝術。這個世界上，一百萬人中只有一個主角，而這個主角，必定是把事情做到極致的人。」

　　那麼，問題來了，怎樣才能成為一個專業的人呢？我們平常說，樹冠有多大，根系就有多深多闊。一棵樹，如果長在肥沃的地方，它的樹根與樹冠的比例，差不多有 1：1 的關係；如果長在土壤比較貧瘠的地區，樹根與樹冠的比例，可能是 2：1到 3：1；如果長在岩石地區或沙漠地帶，樹根和樹冠的比例可能會達到 5：1。

尼采說：「其實人跟樹是一樣的，越是嚮往高處的陽光，根越要扎向無底的黑暗。」一個人要擁有自己的專業，就得克服淺嘗輒止的浮躁心理，將根扎下去，扎下去才能長出來。哪怕看起來十分簡單的工作，也需要在別人看來習以為常，甚至不以為然的單調重複中，不斷汲取營養和水分，實現持續精進成長。

4.2.2　愛心，讓工作多些溫度感

> 為什麼我的眼中常含淚水，因為我對這土地愛得深沉。
>
> —— 中國現代詩人　艾青

人類的生命，不能以時間長短來衡量，心中充滿愛時，剎那即為永恆。

我們平常說「最愛吃的麵呀，是媽媽做的手桿麵」。媽媽做的手桿麵之所以好吃可口，是因為媽媽充滿了愛，並將愛傾注到食物裡。

在獲得奧斯卡獎的日本影片《入殮師》裡，一個大提琴師失業失業到葬儀館當一名葬儀師，透過他出神入化的化妝技藝，一具具遺體被打扮裝飾得就像活著睡著了一樣。他也因此受到了人們的好評。這名葬儀師的成功感言是：當你做某件事的時候，你就要跟它建立起一種難割難捨的情結，不要拒絕它，要把它看成是一個有生命、有靈氣的生命體，要用心跟它進行交流。

工作是需要一點溫度感的，用雷鋒的話說就是「對待同志要像春天般的溫暖，對待工作要像夏天一樣的火熱」。有沒有愛心，帶不帶真誠，對方是能夠感受到的。

　　管理工作與活生生的人直接打交道，而且要求必須依靠影響並帶動人來推動工作，就更需要溫度感，帶著感情去做工作。要知道，我們無法透過智力去影響別人，情感卻能做到這一點。

　　鄭板橋在《墨竹圖題詩》中寫道，「衙齋臥聽蕭蕭竹，疑是民間疾苦聲。些小吾曹州縣吏，一枝一葉總關情」。身為一名政府工作人員，看到一起事故的死亡人數，就應該看到這不僅是一串數字，而是一個個鮮活的生命在消失；看到失業職工的報表，就應該看到這不僅是簡單報表，而是一個個家庭在生計方面將遇到很大的困難……

　　反之，如果一名管理者心中無愛，即使業務水準再高，頭腦再聰明，管理能力再強，話說得再冠冕堂皇，但是，他內心深處的冰冷，還是會不經意間流露出來，給人一種不舒服的感覺。因為這種愛，不是裝出來的，不是表演出來的，也不是上網發文秀出來的。

　　做人需要溫度，一個組織也同樣需要。一個文明城市一定是有民生溫度的，一個文明單位也一定是有良好體驗的。要知道，未來的競爭必將是使用者體驗的競爭，靠的不僅是速度，

更需要溫度。

有關溫度的字樣被寫入一些政府的工作報告和一些企業的宣傳用語，成為政府施政納領和公司發展新名片，成為未來美好生活的重要願景。

2020 年，時任上海市市長應勇在政府工作報告裡提出，「讓我們的城市更有溫度、人民更加幸福。」

2020 年，國家電網公司在濟南火車站打出了「辦電加速度，陪伴有溫度」大幅宣傳廣告。

2019 年，京東物流在《人民日報》打出整版廣告：「京東物流就在您身邊。城市群半日達，千縣萬鎮 24 小時達。有速度，更有溫度。」

4.2.3　專心，心無旁騖鑽進去

專業領域的美感，在於真正體會到窮盡方法不遺餘力帶來的愉悅，感覺到精於一道以此為生的那一份安逸和寧靜。

—— 現代管理之父　彼得・杜拉克

有人問愛迪生：「成功的第一要素是什麼？」

愛迪生回答說：「有能夠將你身體與心智的能量鍥而不捨地運用在同一個問題上而不會疲倦的能力。」

有專家做過調查，人與人相比，智力差別並不是很大，更關鍵的因素在於專心程度。「心無雜念，專心致志」是成功者的

共通之處，也是成功的先決條件和核心祕訣。只有排除干擾，全神貫注地投身於工作，付出不亞於任何人的努力，透過這條道路——也只有透過這條道路，才可以實現持續精進。

■ 1. 專心需要一心一用，不能心猿意馬。

現代社會選擇很多，誘惑也多。據統計，手機使用者平均每天都要解鎖手機 90 次，按照 8 小時標準睡眠時間計算，人們平均每 10 分鐘就會解鎖一次。

一個人的注意力被如此頻繁地切割，我們還能全神貫注嗎？因此，時代比以往任何時候更加呼喚沉下心來好好做事的人。

■ 2. 專心需要聚焦、聚焦、再聚焦。

《孫子兵法》中說：「故備前則後寡，備後則前寡；備左則右寡，備右則左寡；無所不備，則無所不寡。」現實情況教育我們，全面平庸往往不敵片面深刻。無論做什麼工作，要做出一些成效，都需要聚焦、聚焦、再聚焦。

「有為者闢若掘井，掘井九軔而不及泉，尤為棄井也。」挖十口淺井，不如挖一口深井。在一個方面做「頭把刀」，勝於在十個方面當「二把刀」。認認真真地做一件事，會解釋所有的事，證明很多能力。馬馬虎虎地做十件事，什麼也解釋不了，什麼也證明不了。

任正非在寫給新員工的信裡說：「現實生活中能把一項技術弄通是很難的。您想提高效益、待遇，只有把精力集中在一個有限的工作面上，不然就很難熟能生巧。您什麼都想會、什麼都想做，就意味著什麼都不精通，做任何一件事對您都是一個學習和提高的機會，都不是多餘的，努力鑽進去興趣自然在。」

人怕就怕在本職工作還沒做好，就心猿意馬、盲目跟風，東山看著西山高，頻繁更換賽道。要知道，每重新進入一個陌生領域，就意味著前期的投入都將成為沉沒成本，一切都得重敲鑼鼓再開張。「少則多，多則惑」，人的精力是有限的，將雞蛋放進 100 個籃子裡，最後的結果一定是自己也記不清雞蛋在哪裡。

一次路過一家私人診所，裡面只有一名赤腳醫生，面積也就 30 ～ 20 坪，但為了招攬生意，竟然在櫥窗上寫著治療高血壓、糖尿病、腦血栓、性病、婦科、兒科、骨科，甚至癌症等上百種疑難雜症，牆上掛滿了各式各樣的錦旗，還特別標榜中西醫結合，師從某國際著名專家，並懸掛著大幅與大師的合影照片。但是，透過櫥窗望進去，發現裡面連日患者稀少，門可羅雀。

據此推理，這個診所肯定是在王婆賣瓜，自賣自誇，言過其實。果不其然，時隔不到半年，再次路過這家私人診所時，就掛出了停業轉讓的告示。

4.2.4 細心，天下大事必作於細

盡精微，致廣大。

—— 中央美術學院校訓

2013 年中央美術學院 95 週年校慶期間，徵集名師語錄，近 60% 的師生選擇了徐悲鴻當年在美院教學時倡導的理念：「盡精微，致廣大」。

徐悲鴻正是用畫作來實踐這一理念的典型代表。在他的作品中，既有巨幅力作，活靈活現，令人嘆為觀止；也有一些袖珍小畫，同樣精彩紛呈，躍然紙上。比如，有印章一般大的奔馬，依然英姿颯爽；三公分大的麻雀展翅，卻也五臟俱全。徐悲鴻最擅長的就是畫馬。有人將徐悲鴻的奔馬放大 20 倍以後，發現了一些肉眼無法看到的細微祕密：這些奔馬的骨骼、血肉也畫得唯妙唯肖，栩栩如生。

古人講「治大國如烹小鮮，治眾如治寡，分數是也」、「天下大事，必做於細。」大事小事在道理上是相通的，精微小事做好了，廣大之妙也就來了。

1. 天下大事必作於細，
於細微之處見精神，在細節之間顯水準。

我們很多人喜歡做大事，不屑做小事，能力與野心不匹配，徒增了好多迷茫和痛苦。事實上，真正的硬實力在於，天

第四章　支柱 2：投身所愛，讓工作帶來的心流消弭壓力

下大事必作於細，於細微之處見精神，在細節之間顯水準。

記得在讀 MBA 進行論文開題時，導師略帶著些批評的語氣對我們開題的學生說：「大家普遍選的題目很大，動不動就是某企業發展策略研究等，這其實是 MBA 論文的失誤。事實上，一個很簡單的事，比如，如何把廁所打掃乾淨，如何將郵包送好，深入進去，小中見大，也能寫出很有深度的論文來。」他不反對大家寫高大上的題目，但是，更提倡同學們將論文寫在企業生產實踐中，將小事情思索出大門道，這樣更能彰顯出論文的水準。

說實話，當初我對導師的話有些不解，甚至不以為然，但隨著年齡的增長，閱歷的加深，卻愈發覺得這些話的意義了。以我們當時剛參加工作 3～5 年，還是基層管理人員的資歷，寫小題目顯然更合適些。

▌2. 立足本職職位，將事情做實做細做到位。

汪中求在《細節決定成敗》中說：「現代企業中想做大事的人很多，但願意把小事做細的人很少；我們的企業不缺少多謀善慮的策略家，缺少的是精益求精的執行者；絕不缺少各類管理規章制度，缺少的是規章條款不折不扣的執行。」

不論未來組織如何演變，在一個團隊裡，最稀缺、最受歡迎的人永遠是認真細緻地做好每一件事情、踏踏實實地做實每一個環節，將本職工作扎扎實實做到無可挑剔、盡善盡美。

把每一件簡單的事做好就是不簡單，把每一件平凡的事做好就是不平凡。心理學家米哈里·契克森米哈伊曾經講過這樣一個案例：

里柯·麥德林在一條生產線上工作。完成一個階段，規定的時間是 43 秒，每個工作日約需重複 600 次。

大多數人很快就對這樣的工作感到厭倦了，但裡柯做同樣的工作已經 5 年多了，還是覺得很愉快，因為他對待工作的態度跟一名奧運選手差不多 —— 訓練自己創造生產線上的新紀錄。

經過 5 年的努力，他最好的成績是 28 秒就裝配完一個階段，最高速度工作時會產生一種快感。

裡柯知道，他很快就會達到在生產線上工作的極限，所以他每週固定抽兩個晚上去進修電子學的課程。拿到文憑後，他打算找一份更複雜的工作。

3. 小事做不好，也會帶來大麻煩。

英格蘭有首名謠：「少了一枚鐵釘，掉了一隻馬掌；掉了一隻馬掌，丟了一匹戰馬；丟了一匹戰馬，敗了一場戰役；敗了一場戰役，丟了一個國家。」小水溝裡翻大船。細小的事情往往發揮著重大的作用，不注重細節就可能會引起工作的錯誤，帶來大麻煩，甚至造成無法挽回的損失。

4.2.5　恆心，一生做好一件事

人們眼中的天才之所以卓越非凡，並非天資超人一等，而是付出了持續不斷的努力。一萬小時的錘鍊是任何人從平凡變成世界級大師的必要條件。

——《異數：超凡與平凡的界線在哪裡？》（*Outliers: The Story of Success*）作者　麥爾坎・葛拉威爾（Malcolm Gladwell）

恆心，就是要有一種幾十年如一日的堅持與韌性，冬練三九、夏練三伏，日拱一卒、功不唐捐，做一行、專一行、精一行，傾其一生的時光與精力、一生的思維與智慧，把一件事做到極致。

荀子說：「騏驥一躍，不能十步；駑馬十駕，功在不捨。」人生是一場比馬拉松還曠日持久的運動，比的不僅是速度、反應力，更重要的是耐力，是堅毅精神，能在一件事上持續投入多久。贏得競爭的，往往不是巨大優勢的短期爆發，而是微小優勢的長期累積。默默地堅持，笨笨地熬，度過那段無人問津的寒冬，就能迎來百花齊放的春天。

環顧一下朋友圈，也不難發現，最成功的人肯定不是最聰明的，而是對長期目標最具有持續動力、持久耐力的。時間，看得見，也不會辜負付出時間、經歷枯燥而漫長刻意練習的人。這也應了王安石的一句話，「世之奇偉瑰怪非常之觀，常在於險遠，而人之所罕至焉，故非有志者不能至也」。

著名鋼琴家郎朗在做客魯豫有約時，被問到，如果一天工作到非常晚，是否還會練琴？郎朗摸著腦袋回答道：「那也練，不練琴等於是慢性自殺行為，你說了一大堆廢話也沒用，我是靠什麼意念（練琴），那都扯淡。」

練琴這活，一天不練琴，自己知道；一週不練琴，同行知道；一個月不練琴，觀眾知道。郎朗從出道開始，就被冠稱「音樂天才」的名號，其實正是「一萬小時」定律的忠實踐行者，靠著過人的自律，一日一日累積琴藝，摸索彈琴技巧，才能成就他如今的絕代風采，成為鋼琴王子。

很多事情當場沒有解決路徑，也沒有頭緒，但是別急，暫時擱置一邊，時間會幫你解決。比如，有些事情晚上睡覺時還一籌莫展，但一覺醒來就可能柳暗花明，突然找到了答案，好似任督二脈被瞬間打通一般。

任正非重新解讀烏龜兔子賽跑的老故事，賦予了新的意義，並大力倡導「烏龜精神」，他認為，「烏龜精神」就是指認定目標，心無旁騖，艱難爬行，不投機、不取巧、不拐大彎，跟著客戶需求一步一步地爬行。

很多時候，我們缺的不是能力，怕的不是起點低，而是烏龜般的毅力和堅持，持續性地躊躇滿志。烏龜雖然爬得很慢，但它不走捷徑，一直堅持前進，終將抵達終點。

人不可能無所不能，那些真正厲害的人總是在下笨功夫，

集中最核心的智力、體力和精力，在自己最有天賦，也最熱愛的那條路上精益求精，將一件事情做到極致，盡力成為你所在領域裡很難替代或無可替代、具有核心競爭力的人。最重要的是兩點：

一是高水準。指在總結自己和前人的經驗上，每一次都有所收穫，有所進步，「今天比昨天好一些，明天比今天好一些，後天比明天好一些」，努力打造自己專業的護城河。

遺憾的是，大多數人做事情是在低水準上、漫不經心的重複，只能停滯在某個階段成為一棵長不大的灌木，無法進階。因此，職場資深者未必更有競爭力。很多做了幾十年的「專業人」做事「不夠專業」，增加的只是年資，水準依然很低，甚至還會有所退化。

二是大量。指長時間的投入時間和精力練習，它考驗的是你的專注和堅持。有些領域需要堅持十年、二十年、三十年，有時甚至是一輩子。功夫名星李小龍說：「我不怕遇到練習過一萬種腿法的對手，但害怕遇到只將一種腿法練習一萬次的強敵。」

日本特別注重工匠精神，好些人一生專注做一份工作，不斷精進提升，做得有聲有色。一生專注做好一件事，也是一件十分美好的事，這樣的人最有魅力，也最能打動人的心絃。

日本有一位名叫新春津子的清潔員被封為「國寶級匠人」，她所負責的東京羽田機場連續 4 年被評為「世界上最乾淨的機場」。

新津春子，從高中開始就做上了唯一肯僱傭她的清潔工作。這一做就是 21 年，可以對 80 多種清潔劑的使用方法倒背如流，也能夠快速分析汙漬產生的原因和組成成分。她憑藉自己過人的清潔技術拿到了「日本國家建築物清潔技能士」的資格證書，有人評價稱：「她的工作已經遠遠超越了清潔員的範疇，而是在做技術工作。」

　　新津春子有時候也會應邀去解決公共設施或家庭的頑固汙跡，因此成為了日本家喻戶曉的明星。

　　現在，新春津子已轉型做了技術監督管理職位，負責培訓機場 700 名清掃工隊伍，利用自己的專業知識培養更多專業的人。

4.2.6　虛心，一杯咖啡吸收宇宙能量

　　中國的古語中，有「唯謙是福」一語。陶醉於微不足道的成功，沾沾自喜，目中無人，這樣的人，最終必將沉溺於自身無止境的欲望中，不可自拔。忘記謙虛美德的經營者所掌舵的企業，從無長入持續繁榮的先例。

—— 日本企業家　稻盛和夫

　　在《易經》專科門有一卦以「謙」命名，而且謙卦是唯一六爻皆吉的卦。謙卦告訴我們，滿招損，謙受益。一個人從小到老，只要能夠保持美好的謙德，做人謙虛，對人謙讓，修養自

己寬闊的心胸，可以換來幸福，對自己是非常有利的。

稻盛和夫曾這樣評價松下幸之助先生：松下先生自己沒有學問，所以總是用主動請教別人的方法促使自己進步。這一信念松下先生終生不渝。後來他被譽為「經營之神」，被人們神化了，但他自己依然貫徹「一輩子當學生」的信條。我認為這種虛懷若谷的精神才是松下先生真正的偉大之處。

謙虛不僅是在禮儀表象方面，說些「我水準有限，請多包涵」、「哪裡哪裡，實在不敢當」之類的客套話，而是從內心放低姿態，以開放思維，廣開言路，從善如流，持續吸收別人的知識和能量。

任正非多次強調「一杯咖啡吸收宇宙能量」的觀點，要求華為人利用各種交流的機會與場所，進行精神的神交，吸收外界的能量，不斷優化自己。

不僅要向同業學習，也要向異業學習。

在記者問及任正非已經領先的華為「現在還有一個學習的榜樣嗎？」問題時，任正非虛懷若谷，他回答道：「第一，亞馬遜的開發模式值得我們學習，一個賣書的書店突然成為全世界電信營運商的最大競爭對手，也是全世界電信裝置商的最大競爭對手。第二，Google 也很厲害，大家也看到『Google 軍團』的作戰方式。第三，微軟也很厲害。怎麼沒有學習榜樣呢？到處都是老師，到處都可以學習。」

「海不擇細流，故能成其大；山不拒細壤，方能就其高。」一個人能吸收到什麼樣的能量，則取決於自己的內心。有什麼樣的內心，就會感召到什麼樣的能量。當你開啟智慧之門，以空杯的心態迎接知識時，時空的能量會源源不斷流入你的身體，獲得的能量將超乎你的想像。

我也曾見過一些身價幾十億的老闆，邀請一些教授喝茶聊天。雖然在好多領域，這些身經百戰的老闆比紙上談兵的教授，有更深刻的認識，更多的發言權，但是，他們沒有吹噓，而是誠意求知，靜靜地聽，默默地想，有時還拿出手機在備忘錄裡記一些關鍵內容。他們就像一個「學識黑洞」，徹底吸引教授的想法和話語，很有可能在當天就電話調兵遣將，迅速變成行動方案，實現知識的變現。

現在社會上流行一個概念叫傻瓜指數，簡單地說就是一個人覺得自己多久以前是一個傻瓜，半年、一年還是十年，這代表了一個人成長的速度。如果有人覺得 10 年前的自己是傻瓜，那這個指數就是 10 年；如果覺得 1 年前的自己挺傻，那這個傻瓜指數是 1 年。

傻瓜指數是一種典型的成長型思維，反映一個人是否有開放的思想和空杯的心態，是否有心甘情願提升自我的強烈願望。擁有成長型思維的人，他們的邏輯裡就沒有成功，只有成長，他們發自肺腑地自以為愚，能夠不斷看到自己的不足和無

知，永遠在追求、探索未知的領域。即便在功成名就、走向人生的巔峰時刻之後，他們也會主動放下榮譽的包袱，積極進行歸零重啟再出發。

　　賈伯斯有一句被人們反覆引用的話，「求知若飢、虛心若愚。」Stay hungry. Stay foolish. 人從來不怕無知與淺薄，我們最要為之警惕的是自負與自滿。一旦這兩種脾性得以滋生於心田，則這個人的高度與深度，自此截止再無可拔高與開耕之機。事實上，當一個人沉浸在昨天的輝煌時，「想當年，我也曾經出類拔萃」，就表明他已經老了。

第五章　支柱3：
締造和諧人際，用人情溫度化解壓力

人的本質在其現實性上是一切關係的總和。

—— 馬克思

人與人之間的對比，從本質上來看，就是社會關係總和的對比，誰的關係網越大，且關係的連線越深，那麼誰就越強大，越有力量。

5.1　人際關係的療癒力

沒有人是一座孤島，可以自全。每個人都是大陸的一片，整體的一部分。

—— 英國詩人　約翰·多恩（John Donne）

人類社會，說到底就是一個巨大的關係網路，沒人能獨善其身，永遠與世隔絕，只依靠自己度過一生。人際關係是人生的必修課，也是這世上最好的幸福課。

5.1.1　人際關係的重要性遠遠超乎想像

人的一切煩惱都來自人際關係。

—— 奧地利心理學家　阿爾弗雷德·阿德勒（Alfred Adler）

現實世界中並不存在「快樂的隱士」，良好的人際關係是通往幸福的必備條件。會處理人際關係的人，善解人意，懂得分寸，人見人愛。白富美、高富帥的人未必幸福，對幸福影響更大的因素是美好的人際關係，是至愛親朋的支持。

■ 1. 人際關係是幸福的重要因素。

中國古代有四大喜事之說，分別指的是「久旱逢甘霖，他鄉遇故知，洞房花燭夜，金榜題名時」。在四大喜事中，其中，兩大喜事與關係直接相關，分別為「洞房花燭夜」、「他鄉遇故知」。

哈佛大學醫學院花了 75 年追蹤研究了 724 位男性，發現幸福的人生最終都有一個共同特點：擁有良好的關係。事實證明，和家庭、朋友和周圍人群連結更緊密的人更幸福。他們身體更健康，他們也比連結不甚緊密的人活得更長。研究結果還顯示：發展得最好的人是那些把精力投入關係，尤其是家人、朋友和周圍人群的人。

■ 2. 人際關係有利於健康長壽。

從古至今，延年益壽、長生不老是人們的一大夢想，無論是一生致力於尋覓長生不老藥以求長命百歲的秦始皇，還是西遊記中絞盡腦汁想吃到唐僧肉的那些妖魔鬼怪，無一例外。那麼，什麼是影響人壽命的第一大因素呢？

美國心理學教授霍華德・弗里德曼（Howard Friedman）和萊

斯利・馬丁（Lesley Martin）經過 20 年的研究，發現排在第一位的不是生活習慣，不是性格特徵，也不是職業生涯……在最影響人壽命的 6 大因素排行榜中，人際關係高居榜首[05]。

研究顯示，良好的人際關係是應對緊張的緩衝器，有益於心臟健康。長期精神緊張會削弱免疫系統並加速細胞老化，最終讓人的壽命縮短 4 ～ 8 年。

而人緣好的人，心情一般會很好，體內大量分泌有益的激素、酶類和乙醯膽鹼等，這些物質能把身體調節到最佳狀態，有利於健康長壽。

3. 人際關係也是生產力，可以直接影響一個人的收入水準和事業高度。

要想走得快，一個人走；要想走得遠，一群人走。一個人連同他背後的社會關係，共同構成其社會支撐體系的重要組成部分。社會關係強大了，才能行穩致遠。

哈佛大學持續 76 年跟蹤 700 人的生活，研究結果表明，當一個人智力上達到一定水準，金錢上的成功主要取決於關係水準。一個擁有「溫暖人際關係」的人，在人生的收入頂峰（一般是 55 到 60 歲期間）比平均水準的人每年多賺 14 萬美元。智力水準在 110 － 115 之間的人與 150 以上的人，在收入上沒有明顯差別。

---

[05]　其餘 5 項才依次為性格特徵、職業生涯、生活細節、戒除不良習慣、與健康者為伍。

1993 年世界宗教會議透過《全球倫理宣言》，其中將中國兩千多年前的一句話 ──「己所不欲，勿施於人」定義為倫理的黃金法則，今天依然是人類的道德標準，是避免國際爭端、宗教文化衝突最有效的手段。

　　這條黃金法則包含兩層意思：一是自己不喜歡或不願意接受的東西千萬不要強加給別人；二是應該根據自己的喜好推及他人喜好的東西或願意接受的待遇，並盡量與他人分享這些事物和待遇。

　　人際關係不是單人舞、獨角戲，而是交際舞、團體戲，是兩個人乃至多個人的事。踐行黃金法則，關鍵要增強同理心。

　　同理心是指站在當事人的角度和位置上，客觀地理解當事人的內心感受，且把這種理解傳達給當事人的一種溝通交流方式，就是將心比心、推己及人，同樣時間、地點、事件，而當事人換成自己，也就是設身處地去感受、去體諒他人。

　　同理心對我們的社會行為、利他的傾向、人際關係的建設、感情的建立，以及整體的幸福感都有特別重要的意義和幫助。

　　要做到同理心，其實是一件不容易的事。因為無論我們多麼強調「想他人之所想，急他人之所急」，本質上還是在用自己的邏輯去思考。這讓我想起莊子「子非魚，安知魚之樂？」的經典對白：

莊子與惠子游於濠梁之上。莊子曰:「鰷魚出遊從容,是魚樂也。」

惠子曰:「子非魚,安知魚之樂?」莊子曰:「子非我,安知我不知魚之樂?」惠子曰:「我非子,固不知子矣,子固非魚也,子不知魚之樂,全矣。」莊子曰:「請循其本。子曰汝安知魚樂雲者,既已知吾知之而問我,我知之濠上也。」

缺乏同理心的人多數時候並不是不想理解別人,而是沒有意識到自己的行為適得其反。蒙格說:「對世界的傷害更多的來自認知缺陷,而不是惡意。」生活中我們的很多分歧,往往來源於雙方不同的認知。我們每個人生活環境和經歷不同,就形成了不一樣的人生觀念,都認為自己有理,甚至認為別人不可理喻,「那些聽不見音樂的人認為那些跳舞的人瘋了」。

█ 同理心的個人特質

· 將心比心:人心都是肉長的。同理心的底層思維邏輯在於真正以解決對方的問題為出發點。用第三隻眼客觀看待世界,換位思考,設身處地去感受和體諒他人,並以此作為處理工作中人際關係、解決溝通問題的基礎。

· ·感覺敏感度:具備較高的體察自我和他人的情緒、感受的能力,能夠透過表情、語氣和肢體等非言語資訊,準確判斷和體認他人的情緒與情感狀態。例如,在談話中對方不時偷看手錶,可能表示還有其他事情;當對方開始打呵

欠，就是暗示時間不早了。

· 同理心溝通：聽到說者想說，說到聽者想聽。我們平常說錯話得罪人，與誰合不來。其實這種情況下，多數原因在於沒考慮過對方的心理，讓對方感覺不舒服。

· 同理心處事：以對方有興趣的方式，做對方認為重要的事情。越是上乘的處事方式，越是會站在對方的角度出發，而非一味考慮自己想做什麼。

· 同理心不同於同情心，同理心是學會理解別人的感受，並非可憐對方的遭遇。

5.1.3　人際關係的本質是互相幫助

人與人之間的交往基本上是一種利益交換的過程。

—— 美國社會學家　喬治・霍曼斯（George Homans）

韓國著名經理人樸鍾和認為，人際關係最重要的要素就是利益。給那些您希望和其保持良好人際關係的人以某種利益，是建立正確人際關係的第一祕訣。互惠互利是建立良好人際關係的前提條件，是維持長久社交關係的堅強基石。

1. 互惠互利的基礎是圈層一致

人際交往的最基本動機，就在於希望從交往對象那裡獲取自己需求的精神上的或物質上的滿足。如果你想從別人那裡得到什麼恩惠，也應該先考慮自己能給別人報答什麼。你能為他

人提供什麼幫助，決定了他人對你的看法與尊重。

成年人的人脈是分圈層的，並且帶有相當程度的功利色彩。每個人都會有自己的圈層，圈層會篩選和排斥那些不屬於這個圈層的人。一個人在結交另外一個人時，都會判斷這個人是否屬於自己的利益及價值圈層，不僅是關係的親疏有別，還有能量上的趨利避害，然後再決定是否與其交往，以及交往的深入程度。只有價值不謀而同，才具有深入合作的基礎。

如果一個人的自身價值遠低於對方，即使對方出於道義伸出援助之手，但也不大可能在一個圈裡混的。大家都不願意和各方面都不如自己的人一起玩，這樣只會拉低自己的水準。

■ 2. 互惠互利的表現為「來而不往非禮也」

李嘉誠說：「朋友請你吃飯，不要認為理所當然，請禮尚往來，否則你的名聲會越來越差。」親戚越走越近，朋友越交越深。如果你從別人那裡得到了恩惠，也不能得之坦然，要適時適度進行回禮，不能總想著賺人便宜。

比如，你要是借了別人的車，就得洗好車，再加滿油再還給人家，這樣「好借好還，再借不難」。

當然，這種互惠互利不是 AA 制。你給我幾分好處，我馬上就等額還回同等好處，甚至精確到小數點後兩位數字。有些小資信奉 AA 制，小算盤打得啪啪響，看似小蔥拌豆腐一清二白，公平合理，互不虧欠，其實是結交高階人脈的大忌，這正

應了一句話「機關算盡太聰明，聰明反被聰明累」。

歷史學博士鄒振東在其著作《弱傳播》一書中提到了這樣一個案例：一年前，同事參加你的婚禮，給了你 500 塊錢的紅包。一年後，他結婚。請問，你應該還多少錢的紅包？

如果你也隨 500，大家覺得順理成章；隨 1000，大家覺得你很大方；隨 400，大家覺得你可能有點小氣。但這不是最忌諱的數字。最忌諱的數字是 508.75 元；500+ 一年期的定期存款利息 8.75。假如紅包是這個數，友誼的小船說翻就翻的機率是最高的。

從道理上看，508.75 是一個最合理的數字。但是從情感上看，這是一個最忌諱的數字。所有的同事都會覺得，你在用金錢計算你們之間的關係，根本沒把他們當朋友。

這種互惠互利還表現為一定的帳面模糊性，不能要求你幫了我，我就馬上給予酬答，而是銘記情義，細水長流，在適當的時候給予答謝。

定位理論創始人艾里斯（Al Ries）、傑克‧特魯特（Jack Trout）認為，用好友誼的方法是定期與你的朋友保持聯繫，光交朋友還不夠。你還得牽出友誼這匹馬，間或操練它一番；否則的話，在你需要它的時候反而會用不上它。

5.2　職場人際互動的智慧

人生最大的財富便是人脈關係，因為它能為你開啟所需能力的每一道門，讓你不斷地成長，不斷地貢獻社會。

—— 美國演說家　東尼‧羅賓斯

每個人在職場中都會面臨著向上、向下和左右的關係，向上就是與上級的關係，向下就是與下屬的關係，左右就是橫向的同事關係。當「上下左右」基本平衡時，這個人的溝通狀況是健康的，職場狀態也是穩定的。

5.2.1　有團結的地方，定有幸福相隨 [06]

單個的人是軟弱無力的，就像漂流的魯賓遜一樣，只有同別人在一起，他才能完成許多事業。

—— 德國哲學家　叔本華

一根筷子輕輕被折斷，十根筷子牢牢抱成團。團結是至寶，團結是最有力的武器，團結出人才，團結出政績，團結出幸福。

一、「成績歸屬於團隊」是真心話

用眾人之力，則無不勝也。

——《淮南子》

---

[06]　哈薩克諺語。

「一個籬笆三個樁，一個好漢三個幫」。領獎人上臺領獎，發表獲獎感言時，最經常說的一句話就是，「成績歸屬於英雄的團隊」，其實這不是謙詞，也不是客套話，而是一句真心話。

我們從學校畢業到進入職場，由學業轉變為工作，人生觀、世界觀也必須作 180 度的轉變。因為學業優異可以僅憑一己之力，而事業成功卻無法單槍匹馬搞定，其中最大的差異在於從獨自奮鬥變成了大家一起努力，由「提高一分，幹掉千人」變成了「大家好，才是真的好」。

在職場裡，小成功靠個人，大成功靠團隊，個人是逞不了英雄的。無論什麼工作，都一定需要上司、部下以及同事的協助。沒有團隊的幫襯，個人是無法成功的，也是走不上領獎臺的。

《西遊記》堪稱團隊致勝的經典案例，從團隊視角看，唐僧師徒幾人都有不少的毛病，甚至有嚴重的汙點，完全符合「沒有完美的個人」的特點。

團隊的意義就在於「平凡的人做非凡的事」。

‧ 唐僧 —— 可敬不可愛的聖僧：手無縛雞之力的文僧，卻長著一身高貴稀奇的好肉。他的善良和寬容在實用功利的當前時代裡顯得有些迂腐可笑，但他目標堅定，有發自內心的理想和信念，「我先發願，若不至天竺，終不東歸一步」、「寧可就西而死，豈歸東而生」，讓人肅然起敬。

‧ 孫悟空 —— 成長的煩惱與悲哀：從大鬧天宮到西天取經，

從齊天大聖到鬥戰勝佛。一部《西遊記》，就是一部孫悟空的成長史。在取經的路上，孫悟空學會了適應環境，學會了人情世故，最終成為天庭體制內的一員。

· 豬八戒 —— 西天路上的凡夫俗子：一個被挾帶的「革命者」，從來就沒有普渡眾生、修成正果的雄心壯志，有正常人所擁有的一切欲望，包括缺點和不足，並且幾乎從不隱瞞。

· 沙僧 —— 沒有性格的大內高手：不一定非要武功蓋世，忠於主人、永不背叛，這才是侍從最重要的素質。

· 白龍馬 —— 真正的幕後英雄：走路，走路，不停地走路，是其取經路上的主旋律。在降伏黃袍怪的過程中立下了一大功，在至暗時刻挽救了取經事業。

師徒幾人之所以功成名就，取得真經，最根本的原因就在於 5 個甚至有嚴重汙點的師徒組成一個完美團隊，「一個也不能少，一個也不能多」。他們之間優勢互補、協同西行，唱響同一首歌，這才使得取經的願景具有了現實的可能性。

二、好的管理是將團夥變成團隊

一致是強而有力的，而紛爭易於被征服。

—— 古希臘哲學家、文學家　伊索（Aesop）

現代管理學奠基人杜拉克說：「好的管理是將團夥變成團隊」。在其將近 96 年的一生中，他一直將此作為宣講的一個重要主題，並影響了全球無數的政界、商界人士。從表面上看團

隊和團夥都是一群人組成的團體，但是，團隊不是團夥，兩者之間還是有根本性區別的。人在一起只不過是團夥，心在一起才是團隊（見表 5-1）。

表 5-1　團隊和團夥的區別

	團隊	團夥
價值觀	團隊至上	人情至上
人才定義	英雄團隊	個人英雄
目標	堅定不移	隨機應變
成員關係	溝通信任	相互猜疑
結果	1+1>3	1+1<2

團隊文化對應的文化現象叫「大雁文化」：大雁在飛行的過程中，會有一隻頭雁領隊，其他的雁會在其身後利用頭雁產生的氣流來飛行，這樣的阻力會大大減小，而且頭雁是不斷變換的，每隻雁都要為其他大雁引航。

個人的力量是有限的，團隊的力量是無限的。亞里斯多德將整體與部分的關係精確地表述為整體不是部分的總和，整體大於部分之和，也就是我們平常說的「1+1>3」。

我曾經住在醫院附近有兩年的時間，經常看到很多外地患者不遠千里來這裡求醫問藥，對這家以擅長心血管疾病診治而聞名的醫院很是敬重。

某一次跟醫院的一個外科醫生在一起吃飯聊天，我恭敬地

說：「貴醫院的手術水準就是高，很讓人欽佩」。

然而，這個醫生卻沒有接受恭維，而是風清雲淡地說，「我們醫生的能力其實比其他醫院高不了多少，最主要是我們包含麻醉、後勤輔助在內的支撐體系全國領先，世界一流。」他還說，如果我們的醫生離開醫院，去外地行醫時，底氣就不會這麼足，手術效果也不會這麼好，因為缺少嫻熟默契的支撐體系，而這絕非一日之功。

團夥對應的文化現象叫「螃蟹文化」，與「大雁文化」形成鮮明反差：

當只有一隻螃蟹在籃子裡的時候，你需要時刻盯著牠，以防牠自己爬出來；但是當一群螃蟹放在一起時，就可以高枕無憂了。因為牠們會來回抓扯，最後的結果是誰也別想爬出去，一起等著被烹製。

團團夥夥有百害而無一益。很多政黨、組織都旗幟鮮明地反對單邊站隊，避免幫派風氣產生。當一個組織形成了團夥，大家你拉我扯、內耗嚴重，其他要素配備再好也無濟於事。

5.2.2　向上關係：努力與上司「同頻共振」

你不需要喜歡或欽佩你的主管，你也不需要痛恨他。但是，你必須要管理他，讓他幫助你達成目標。

—— 現代管理學之父　彼得・杜拉克

許多公司在總結經驗時，第一條常常就是「領導重視」。長期的職場經驗告訴我們，這不是一句可有可無的八股文，而是一句非說不可的實話。一項工作，如果爭取上司的支持和重視，就會事半功倍，否則就會事倍功半。

一、站在成就上司的立場，積極做好向上管理

有效的管理者了解他的上司也是普通人，肯定有其長處和短處。

如果能在上司的長處上下功夫，協助他做好工作，便能在幫助上司的同時也帶動下屬自己。要使上司發揮所長，不能靠唯命是從，應該從正確的事情著手，並以上司能夠接受的方式向其提出建議。

—— 現代管理學之父　彼得・杜拉克

向上關係，是職場中最重要的關係，沒有之一；向上管理的能力，也是職場最厲害的能力，沒有之一。不論你是職場新人，還是中高層管理人員，不論你是國營企業，還是民營企業、外資企業，與上司處好關係，獲得老闆的青睞是做好工作，實現快速升遷的捷徑。向上管理的核心在於成就上司。

1. 向上管理不是唯唯諾諾、阿諛諂媚，而是勇於說出自己的建設性觀點。

《史記・商君列傳》中說：「千羊之皮，不如一狐之腋；千人之諾諾，不如一士之諤諤。」一千人的隨聲附和，說些不痛不癢的

話，往往趕不上一個人的直言爭辯，說出建設性的觀點。真正的歌者能夠唱出人們心中的沉默，贏得人們的尊重和上司的青睞。

要知道，上司需要的是忠誠，而不是唯唯諾諾；需要的是以實際行動來支持他做出的決策，而不是用空洞的讚美之詞拍馬屁。上司都是聰明人，是社會的菁英群體，站得高，看得遠，更明白其中的道理。

舉完上述這個例子，劉家義說，「後來我得出一個結論，此人不可用」。

當然，向上司提出建議，發表觀點，不能缺乏應有的尊重，甚至想挑戰上司權威，表現得比上司還聰明。

■ 2. 站在高兩級的立場看問題，出謀劃策、貢獻智慧。

原經濟日報總編艾豐有個很著名的觀點：要當好一個記者，必須具備宏觀意識，「想總理想的事情」。

向上管理也應該如此，「身在兵位，胸為帥謀」，把上級的事情當作自己的事情，努力站在更上一級的立場，看問題，想辦法，拿措施，幫助上級改善績效。這樣登高望遠，你更易發現工作的美，解決問題的層次將會有效提升，向上關係也因此變得更加簡單和諧。

《豐田工作法》一書中說，在豐田，經常要求員工站在比自己現在位置更高的立場上看問題，就是要站在上司的上司的立

場看問題。他們的職位排序為，班長＜組長＜工長＜科長。班長要站在工長的立場看問題，組長要站在科長的立場看問題。

如果只站在自己的立場看問題，那麼做出的改善只能停留在現狀的延長線上，很難有大的改善空間；但是，如果能夠時刻意識到上級的上級「有什麼煩惱」、「會怎樣判斷」、「會如何決定」之類的問題，情形就大有不同。這讓我想起愛因斯坦（Albert Einstein）一句特別著名的話：「同一層面的問題，不可能在同一個層面解決，只有在高於它的層面才能解決。」

■ 3. 甘於做一名追隨者，向上司學習本領。

如果能有幸跟最精明、最出色、最有能耐的上司混，那將是人生之幸事，也是一種極好的福份。此時，你需要做的就是當好追隨者，這好比做高階工之前先做初級工，「一年跟著幹，兩年單獨幹，三年成骨幹」，懂得追隨才能增長本領，快速超越。

古人講「隨之有道」，翻翻成功人士的傳記，不難發現，有很多人是靠緊跟別人才爬上成功階梯的。從第一個分給他們做的苦差事到最後成為大公司的高管，都是這樣耕耘出來的。

1949 年，19 歲的巴菲特到哥倫比亞大學讀書，並學習了葛拉漢（Benjamin Graham）的課程。他非常追切地想要為葛拉漢工作，不領薪水都可以，但是，葛拉漢還是無情地拒絕了他。直到 1954 年，葛拉漢才打電話給他，提供給他一份工作，他才得

以有追隨學習的機會。

　　巴菲特從葛拉漢那裡學到了「價值投資」的理念。日後，巴菲特將終生秉持這一理念，並成為其最有名的鼓吹者和獲利最豐的實踐者。2020 年巴菲特以 675 億美元財富位列《2020 富比士全球億萬富豪榜》第 4 位。

　　一般來說，你的上級比你要聰明一些，你的上級的上級比你的上級還要聰明一些，上級多數是值得追隨和成就的，但是凡事肯定都有例外。如果你不幸遇到了不如人意的上司，怎麼辦？學者型企業家謝克海認為：如果以最大的善意、合理的方式盡心處理某種關係而依然無解，那麼可以選擇管理好自己，獨善其身，但對於關乎組織核心利益、生死存亡的問題，必須選擇戰鬥而不是逃避。

二、多請示，多彙報，讓上司多了解

　　誰經常向我彙報工作，誰就在努力工作；相反誰不經常彙報工作，誰就沒有努力工作。這也許不公正，但是你的老闆又能根據什麼別的情況來判斷你是否在努力工作呢？

——《超越哈佛》（*Beyond Harvard*）作者

馬克・麥考馬克（Mark McCormack）

　　單純曝光效應（Mere Exposure Effect）告訴我們，當一個人在我們面前反覆曝光時，我們會提高對這個人的喜歡程度，哪怕只是簡單、短暫的曝光。

在人才輩出的現代社會，只會拉車、不會看路，只會做事、不會彙報，是職場老黃牛最大的悲哀。如果你不想讓自己的才華與能力被湮滅，就不要盲目相信上司的眼睛是雪亮的，也不要固執地認為「是金子總會發光」。

　　有一個很有能力的上司，在他身居高位以後陸續提拔了許多人，但大家發現了一個現象，他提拔的大多是他以前的同事、下屬、祕書。

　　於是，也有一些人非議他「任人唯親」。他出來回答說：「我承認我提拔的這些人不一定是最優秀的，但是在我了解的人中他們是最優秀的，你不能讓我去提拔那些我不了解的人吧。」

　　權力之地不是真空地帶。上司也不是從石頭縫裡蹦出來的，而是食人間煙火的凡夫俗子。正所謂「熟悉產生偏好，偏好影響評價」，上司都喜歡選擇自己熟悉的人，這乃人之常情，也是人性使然，與「任人唯親」無關。

　　史丹佛大學組織行為學教授傑弗瑞・菲佛說：「人們記住了你，就等於他們選擇了你。」人在職場，要主動與上司溝通匯報，增加「能見度」和曝光率，讓上司記住你。彙報需注意以下幾點：

▌1. 提前做好充分準備，機會總是留給有準備的人。

　　能力是印象的累積。每一次彙報都不僅是簡單的彙報工作，都是在上司面前的一次自我展示。彙報好了，你在上司心目中的印象得分就是一個加分項。

功夫在詩外，努力在平時。一般來說，你想到什麼就說什麼，都不會講得太深刻。要想給上司留下深刻美好的印象，「不鳴則已，一鳴驚人」，就得提前做足功課，逼著自己往深處想，往遠處想，往大處想，往細處想，想上司可能會問到的各種問題，並提前做好應對預案。準備充分了，才能彙報的好，靠臨場發揮大多是不可靠的。好的彙報既要宏觀，又要微觀；既要有觀點，又要有事例；既要有數字，又要有分析。

2. 不要拿問題去問上司，而是帶著答案去彙報。

上司往往最惱火的就是遇到那些發問的下屬，「這個事怎麼辦呀？」、「那個事應該如何呀？」活脫脫像一個考官，或者像一個推鍋俠。這時，上司可能會這麼想，「把球都踢給我，什麼都等著我去做，我要你還有何用？」

因此，彙報之前，要使出「洪荒之力」，超前想好答案，如果有可能的話，最好是準備兩套以上的方案，並表達自己的看法和傾向性觀點，讓上司去做選擇題，而不是做回答題，這才是你的價值展現。

3. 準備好三個版本，根據需要可以隨時調整彙報時長

彙報前，一般要打好腹稿，準備好詳細、簡要、超短三個版本，比如詳細版時長為 1 小時，簡要版時長為 10 分鐘，超短版時長為 1 分鐘。如果上司時間寬裕，就可以拿出詳細版，不緊不慢地進行系統彙報；如果上司時間很緊張，就直接拿出超

短版，掐頭去尾，講出最核心的觀點。總之，不管讓講多長時間，呈現給上司的永遠都是一個完整的內容。

▌4. 多彙報、勤彙報，不要試圖給上司一個驚喜

彙報的核心邏輯為進度條彙報方式，這好比寄一個快遞，我們可以看到郵件走到哪個環節了，還有多久能夠送達。做工作時更應該如此，我們應該讓上級知道你在做什麼，做到了何種程度，是怎麼做的，目前遇到了哪些問題，需要怎樣的幫助，預計何時能夠完成。尤其是對於上司關注的事情，千萬不要想著上司很忙，等事情結束後，累積到一起彙報，給上司一個驚喜。

杜拉克下面的話值得我們細細品味：絕對不要讓上司感到意外。成員有責任保護上司不要受驚 —— 即便這是驚喜（如果存在這種情況的話）……所有的上司都不喜歡「大吃一驚」，否則他們將不再信任成員 —— 而且他們有充分的理由。

▌5. 注重細節，別讓疏忽大意毀了整體效果

汪中求有一個關於細節的不等式：100-1 ≠ 99 100-1=0。如果疏忽大意，1%的錯誤會導致 100%的失敗。細節做不好，也會功虧一簣，影響整體彙報效果。

· 提前列印好書面材料，認真檢查一遍，頁碼是否錯亂、是否有空白頁，確認無誤後，再放在上司面前。

· 如果採取用 PPT 彙報，要提前在電腦上演示一遍，防止出現放不出、格式變動的情況。有影片、音訊的，還要檢查一下音響情況。

· 書面材料要記得標上頁碼，特別是頁數較多的情況。不然的話，如果上司提出修改意見，想讓大家翻到哪一頁都比較困難。

· 「好記性不如爛筆頭」。彙報時要帶個筆記本，如果不涉密的話，可以用手機或錄音筆同步錄音，以便會後修改、整理紀要等。

5.2.3　向下關係：五大行為推進團隊建設

　　為了進行鬥爭，我們必須把我們的一切力量擰成一股繩，並使這些力量集中在同一個攻擊點上。

　　　　　　　　　　　　　　—— 恩格斯（Friedrich Engels）

　　向下關係是領導力的主要任務，它是激發團隊完成組織目標的過程。每一級領導者都應該是其下屬工作、學習的楷模，透過領導行為推進團隊建設，激發員工積極性、主動性和創造性的源動力。

一、以身作則 (Leading by Example)

　　其身正，不令則行；其身不正，雖令不從。

　　　　　　　　　　　　　　　　　　　　　—— 《論語·子路》

以身作則是指領導者要對其工作及團隊成員做出表率、兌現其承諾的行為，這些行為包括盡其可能努力工作，且努力程度超過團隊中的任一成員，對其行為設立更高的標準等。

　　領導幹部普遍受人關注，言行無小事。一場演講、一次活動，一項決策、一個部署，甚至一餐飯、一杯酒、一項愛好，都會影響著周邊、影響著社會，在一定程度上展現著組織的形象。

　　一個團隊的風氣，在相當程度上反映了主要領導者的精神狀態、思想境界和工作作風。良好的風氣是自上而下形成的，是領導幹部以身作則「帶出來」的。

　　人不率則不從，身不先則不信。領導人員的以身作則在團隊建設中起著非常關鍵的作用，對下屬是一種無聲的命令，而且此時無聲勝有聲，可以將組織的理念、政策、制度等具體化、示範化、模範化。這既是一種領導方法，也是領導者的一項重要職責。一旦員工認可了以領導行為為具體化的組織理念、政策的意義，認可了領導的能力，認知了以此固化的制度，就會遵從和模仿領導者以身作則的行為，進而也會逐漸提升員工自身能力，而組織的業績也會在員工能力的不斷提升中越來越好。

二、資訊共享（Informing）

　　道者，令民與上同意也，故可以與之死，可以與之生，而不畏危。

── 《孫子兵法》

資訊共享是指領導者及時將團隊的策略、理念、目標、決策以及相關訊息予以清楚地闡釋，準確地傳達給下屬，使其能夠充分理解團隊策略，並確保其行為與整體目標保持一致。

　　一個有效率的團隊是由一個共同的、令人信服的目標連繫在一起的，這個目標是基於共同的價值觀。在一個真正的團隊中，整個團隊成員會發自內心地相信，整個團隊會一起成功或失敗 —— 如果團隊輸了，沒有人會贏。

　　團隊的策略目標需要分解成具體的任務由員工執行，所以領導者必須透過資訊共享，不厭其煩地展示這些策略目標，讓員工準確地知道組織要實現什麼樣的目標，為什麼要實現這樣的目標，具體要做哪些工作，該怎樣做，在什麼時間、什麼地點、由誰來做，做到什麼程度。

　　資訊共享的關鍵是領導者與下屬員工目標明確、步調一致、心有靈犀、同心協力。下屬的個人目標能否與團隊目標相一致，有多少下屬願意心甘情願地去追隨，是衡量領導者水準高低的標誌。

　　遺憾的是，有些企業老闆和員工考慮的是兩個世界，呈現出「冰火兩重天」的局面：老闆時常參加總裁論壇、EMBA 高階培訓等，每天都想挺進世界 500 強，早日成為上市公司；員工想過「兩點一線」的簡單日子，每天想的是早點下班，多發點薪資，購置於酒糖茶醋。這種你講你的、他想他的「同床異夢」式

的資訊共享，導致老闆越學習、越焦慮，員工越工作、越沒有動力。

三、參與決策 (Participative Decision Making)

眾人所做的判斷總比一個人的判斷來得可靠。

—— 古希臘哲學家　亞里斯多德

參與決策是指領導者傾聽並平等地對待下屬，充分利用團隊成員所提供的意見建議進行決策的行為。這些行為包括鼓勵團隊成員表達他們的意見、群策群力確保決策的有效性等。

現在我們正處在一個分工高度專業化的資訊爆炸時代，任何領導者都無法做到無所不知、無所不曉、無所不能，必須問需於一線、問計於員工、問效於下屬，依靠團隊力量、讓團隊成員參與決策，才能實現群策群力、共謀發展。領導者任何形式的說教，都不如讓員工參與決策、自我做出承諾來得更有效、更持久、更有責任擔當。讓員工參與到決策中來，是實現領導「不窮於智，不窮於能」的唯一途徑，也是調動員工積極性、主動性、創造性的最關鍵要素。比如，讓員工參與自己工作目標的制定，更能激發活力；上級制定 kpi，即便合理，員工也有「被強制做事」的感覺。

經濟學家諾瑞娜・赫茲 (Noreena Hertz) 的研究結果表明，當積極鼓勵團隊成員公開表達他們的不同觀點時，他們不僅會分享更多的資訊，而且會更加系統地思考，從一個更加平衡而

不是偏激的角度看待問題。

兼聽則明，旁聽則暗。一個善作為的領導者，應該是多說「元芳，你怎麼看」，允許大家暢所欲言，鼓勵不同觀點的相互碰撞。只有這樣，理才能越辯越明，才能實現問題共振、情感共鳴和智慧共生，才能更清楚地認識事情的本質。杜拉克深刻地指出，一項有效的決策必然是在「議論紛紛」的基礎上做成的，而不是在「眾口一詞」的基礎上做成的。

一個朋友說起他們公司的工作報告，寫得很有水準，富有文學性，排比句多，理論素養高，也很有新意，但很難落地執行。原來，這個報告主要是思路超前的上司和富有才華的祕書兩個人寫的，好多具體工作在撰寫過程中並沒有跟責任單位進行充分溝通、讓相關負責人參與決策。等到執行時，才發現好上司多措施脫離實際，無法落地。

一個好的工作報告作為今後一段時間整個公司的行動指南，不是上司一個人的獨唱，而是集體智慧的結晶。判斷好壞的關鍵不在於華麗的詞藻，不在於奇思妙想，也不在於高深理論，最主要的是通天氣、接地氣、便於執行，前提是讓相關人員參與決策，集思廣益，形成共識。

四、教之以道／授之以漁（Coaching）

上司就是面對發展，能夠見微知著、未雨綢繆、高瞻遠矚，給予正確的引領；面對問題，能夠傳道授業、解疑答惑、

群策群力，給予精準的指導。

教之以道是指領導者不失時機地指導、教育、點撥團隊成員，並幫助其自立的行為。這些行為包括幫助下屬認識和理解自己的工作，給出改善績效的建議，找出需要培訓的領域，給出正確的工作方法。

這裡面有一個很重要的關鍵詞就是「不失時機」，那麼什麼是「不失時機」呢？就是要牢記孔子的教導：「不憤不啟，不悱不發」，不到下屬想弄明白而不得的時候，不去開導他；不到成員想出來卻說不出來的時候，不去啟發他。哪怕你堅定地認為自己是對的，也不要好為人師，到處給予指導。

否則的話，年輕的不吃你那一套，年老的倚老賣老，罵你一頓也有可能，只能是自討沒趣，自取其辱。

要知道，世界上最無效的努力，就是對人掏心掏肺、苦口婆心地講道理。最有效的教育永遠不是灌輸，而是點燃。

五、關心他人（Showing Concern）

> 視卒如嬰兒，故可與之赴深溪；視卒如愛子，故可與之俱死。
>
> ── 孫子

關心他人是指領導者關心下屬及員工成長、幸福、快樂及薪酬福利的行為。這些行為包括與下屬及員工討論他們關注的問題，與其進行談心等。

主動服務，真誠地關愛下屬。俞敏洪說：「我的領導力主要是服務力。」在這個飛速發展的數位化時代，特別是市場競爭壓力巨大的今天，員工對情感的需求顯得尤為突出。這時，上司要主動服務，努力成為員工思想上的排憂者，生活上的貼心人，可以快樂工作、幸福生活。只有真誠地關愛下屬，才能有效發揮領導力，其發揮程度也由真誠程度所決定。當上司從員工的角度切實關注其需求和利益時，下屬會認為上司是仁愛的、值得信任的，就會自由、主動地與領導者交流自己的想法和思想，這種準確而融洽的溝通會增強雙方的了解和信任，也會使雙方的合作更加默契。

注重物質激勵，錢是可以放在桌面上談的。人叫人做人不做，激勵調動一大片。做到關心他人，還得來點實際內容，及時給做得好的人晚餐加個雞腿，讓他們滿足物質需求，獲得包括合適的薪資、合理的福利在內的「薪酬」，這才是對員工最好的尊重。

「薪資年年漲，房子年年蓋。」只要有足夠的激勵，就可以創造足夠的增長。美國哈佛大學管理學教授詹姆斯認為，如果沒有激勵，一個人的能力發揮不過 20%～30%，如果施以激勵，一個人的能力則可以發揮到 80%～90%。長期低於行業平均水準的薪資不可能創造一流的業績，更造就不出來幸福快樂的員工。

尊重、信任與授權，為下屬事業發展提供一片飛翔的天空。尊重、信任與授權是領導者對下屬最大的關心，也是給予他們的最好福利。只有尊重、信任與授權，把各類人才配置到最能發揮作用的職位上，做到「雞司夜，狸執鼠，勞而無怨」，放手讓下屬去做，才能真正把一個人的活力充分激發出來。

5.2.4　左右關係：我的地盤我作主，莫動別人的乳酪

　　一切人際關係的矛盾，都起因於對別人的課題（可以理解為事情）妄加干涉，或自己的課題被別人妄加干涉。

── 奧地利心理學家　阿爾弗雷德·阿德勒

　　「凱撒的歸凱撒，上帝的歸上帝」。最好的狀態應該是各個單位、部門、個人都有明確的邊界和職責，都有自己的一畝三分地，每畝地也有對應的責任人，天地各歸其位，萬物自然欣欣向榮。

　　「我的地盤我作主」，每個人都只對自己的課題負責，別人無權干涉，同時，也不要給別人添麻煩，更不要去干涉別人的課題，尊重別人的選擇，照顧到各方的利益，不能不講武德，把手伸得太長，耕了別人的田、荒了自己的地。

　　任何一件事情，都應該有人對此負責。如果將來出了問題，問責也一定是聚焦的，不能是問責兩個人，只能是一個人。工作生活中的好多是非，怕就怕在有些人「搶人功勞，斷人

財路」、「種了別人的地，荒了自己的田」、「不掃自己門前雪，專管他人瓦上霜」，造成有些工作當有利可圖時好多人搶著管、雨露均霑，當需要甩鍋時爭相虛與委蛇、敷衍搪塞。「當雪山崩塌時，儘管沒有一片雪花是無辜的，但沒有一片雪花覺得自己有責任」。

　　而這種職責劃分不清的嚴重後果，往往只能由主要領導者負責。

第五章　支柱 3：締造和諧人際，用人情溫度化解壓力

第六章 支柱 4：
尋找工作的深層意義，以熱情戰勝壓力

人類的一切熱情（無論好的還是壞的）都是因他想使生命有意義。

必須讓他找到一條新的道路，讓他能激發「促進生命的」熱情，讓他比以前更感覺到生命活力與人格完整，讓他覺得活得更有意義。這是唯一的道路。否則，你固然可以把他馴服，卻永遠不能把他治癒。

—— 美國精神分析心理學家　埃里希・弗羅姆（Erich Fromm）

人類和動物的一個重要區別是，人類是有靈性的，可以真切地感覺到事情的意義，而動物無法過有靈性的生活，其行為的意義只限於追求滿足感和逃避痛苦。

6.1 賦予工作意義，將壓力轉化為動力

生命之所以有意義是因為它會停止。

—— 奧地利作家　法蘭茲・卡夫卡（Franz Kafka）

人活著是為了什麼？人生的意義在哪裡？在「理想很豐滿，現實很骨感」的時代裡，發現生命的意義，可以增強我們戰勝困難的勇氣和信心，還能讓平淡的生活多些詩意和遠方。

6.1.1 人生最重要的是發現生命的意義

有意義的事情即使價值再小，也比無意義的事有價值。

—— 瑞士心理學家 卡爾・榮格（Carl Jung）

《活出意義來》（*Man's Search for Meaning*）的作者維克多・弗蘭克（Viktor Frankl）認為，人生最重要的是發現生命的意義。他本人經歷就是 20 世紀的一個奇蹟：納粹時期，作為猶太人，他的全家都被關進了奧斯威辛集中營，他的父母、妻子、哥哥，全都死於毒氣室中，只有他和妹妹倖存。弗蘭克不但超越了這煉獄般的痛苦，更將自己的經驗與學術結合，開創了意義治療法，替人們找到絕處再生的意義，也留下了人性史上最富光彩的見證。

根據弗蘭克的觀察，在集中營裡慘無人道的生存環境下，決定人們生死的並不是身體的健康狀況，而是活著的意義。那些最終活下來的人，可能為了家人，為了子女，甚至為了尚未完成的書稿。而那些感覺人生沒意思、生活沒有目標的人，通常會悲觀失望，即使是身體健康，也會很快失去生活的意義。

弗蘭克在書裡反覆提及德國哲學家尼采（Friedrich Nietzsche）的一句名言：「人們知道為什麼而活，就能忍受任何一種生活。」

生活如果有意義，就算在困境中也能甘之如飴，讓你時刻

有活著、充盈的感覺；生活如果沒有意義，就算在順境中也度日如年、了無滋味。意義可以賦予我們生命別樣的色彩。

上大學時有一次寒假返校，天降大雪，長途巴士全部停運，又適逢春運客流高峰，讓我遭遇了有生以來最擠的一次乘車經歷：那種擠，不只是人挨人把你擠得腳離地而不倒，不只是廁所裡都站滿了人，不只是冬天能擠出夏天的感覺，而是比這更困苦的感覺……

火車時刻已經全面晚點，而且晚點時間顯示不確定。好不容易等來了一趟火車，帶著希望奔向月臺時，我和我的小夥伴們都驚呆了：火車居然到站不開門！車窗玻璃近一半已被人打碎！下車的乘客要從車窗爬出去，上車的乘客要從車窗爬進去！車窗旁邊守著幾個身體強壯的大漢，儼然把車窗當成了收費站，理直氣壯地對站臺上的乘客說：「一人交 5 元錢，我拉你們上來。」我和同行的小夥伴就是被這樣拉上車的，當然大多數乘客是有票上不了車。幾分鐘後，火車無情地拋下站臺上望眼欲穿的乘客開走了。

一路舟車勞頓，同行的同學苦不堪言，唯獨我不覺得太苦。因為當時正在做學生記者的我，受路遙創作《平凡的世界》的精神所感染，給自己這次旅行賦予了特別的意義：做一名記者就必須體驗生活，這次乘車經歷正是豐富人生體驗的最好機會。這麼一想，被擠得喘不過氣的苦惱立刻消失了大半。

遺憾的是，現在越來越多的人不知道自己活著的意義是什麼。無意義感像感冒病毒，無孔不入地侵襲著每個人的心靈，嚴重者還可能會選擇自殺。

清華大學彭凱平教授研究顯示，自殺最突出的三個原因竟然都與意義相關：

· 活得不開心。那說明，開心就是生命的意義之一，是基本成分。

· 失戀、失去人際關係。人際關係也是生命的意義。人活一輩子，就是跟周圍的人發生連繫。感情是人的一種生命意義。

· 活得沒勁，沒有意義。這說明意義感也是生命的基礎成分，人總要去找我這一輩子活著是為了什麼。

6.1.2　有意和無意做同一件事，效果大相逕庭

無論做什麼事，動腦筋改進的人與漫不經心的人相比，時間一長兩者就會產生驚人的差距。

—— 日本企業家　稻盛和夫

當你有意做一件事時，是一種主動行為，是為了印證你的觀點，你意識到自己在做什麼，自己想要從中得到什麼，拒絕與接受什麼，這樣將會更多地體驗生命，實現更快的自我成長。美國管理學者藍斯登說：「一旦在某些事情上投入了心血，

帶著明確的目的去做事，就可以減少重複，這樣就能夠大大提高工作效率。」

當你無意做一件事時，是一種被動行為，像平劇《三岔口》表現的那樣，工作面上做得帶勁、熱火朝天，但實際上只是胡亂比劃，捶胸頓足，無的放矢，效率很低。

雖然我們平常說「有心栽花花不開，無心插柳柳成蔭」，乍一聽好像有心還不如無心好。事實情況永遠是，「有心栽花」要比「無心栽花」成功的機率要高得多，「有心插柳」也要比「無心插柳」成功的機率要高得多。國際積極心理學學會理事任俊教授的研究證實了這個觀點，積極心理學是有意地研究人的積極，和無意的研究相比，這種有意帶來的結果和效果完全不一樣。

喝一樣的好葡萄酒，對有意者和無意者進行磁共振成像掃描。發現人大腦的加工方式就不一樣，人的感覺也不一樣。所以會喝紅酒的人，都是有意者，他們從來不是舉杯暢飲，這樣喝的紅酒是沒有靈魂的。正確的開啟方式是這樣的：開啟後先不要直接喝掉，而是放置一旁「醒一下酒」，使紅酒與空氣接觸，讓紅酒在空氣中發揮，進而有更好的口感與味道；喝的時候，不要用手觸碰杯肚子（手掌的溫度會改變酒的口感），不要大口大口喝，而是用杯子口壓住下嘴唇，慢慢將杯子上揚頭部自然後仰，一次抿一小口，細細體會紅酒的醇香濃郁，回味酒在口中的美好感覺。

孩子沒有意識到青菜蘿蔔對自己有好處，就是不太喜歡吃，但是，意識到後就會有顯著的不同，這是因為他們由無意者變成了有意者。比如，告訴小孩這蘿蔔和青菜不是從樓下菜市場買的，而是從特別的場所買來的，是一種純天然有機食品，沒打過任何農藥，沒上過任何化肥，是農民伯伯一根一根精心挑出來的，特別是孩子吃了之後可以變得聰明、變得漂亮，記憶力更好。雖然蘿蔔還是蘿蔔，青菜還是那捆青菜，但是，孩子吃起來的感覺就會很不一樣，顯得有滋有味。

6.2　塑造人生意義的藝術

即使沒有月亮，心中也有一片皎潔。

—— 知名作家

人生有沒有意義，有多大意義，關鍵是慣常的思維模式。你的思維反映了你是如何解釋目前的情況的，你從它們當中找到怎樣的意義。我們每個人都要成為自己人生的「意義塑造師」，從日常生活情境中更加頻繁地發現生命的意義。

6.2.1　看見生活之美

感知美的能力，是一切餽贈中最高的禮物。

—— 奧地利畫家　埃貢·席勒（Egon Schiele）

2007 年 1 月 12 日，這是一個普通工作日，星期五的早晨。

在華盛頓的一個地鐵站裡，一位男子用一把小提琴演奏了 6 首巴哈的作品，共演奏了 45 分鐘左右。他前面的地上，放著一頂口朝上的帽子。顯然，這是一位街頭賣藝人。

沒有人知道，這位在地鐵裡賣藝的小提琴手，是約書亞‧貝爾（Joshua Bell），世界上最偉大的音樂家之一。他演奏的是一首世上最複雜的小提琴作品，用的是一把價值 350 萬美元的小提琴。

大約 4 分鐘之後，約書亞‧貝爾收到了他的第一筆小費。一位女士把這塊錢丟到帽子裡，她沒有停留，繼續往前走。

6 分鐘時，一位小夥子倚靠在牆上傾聽他演奏，然後看看手錶，就又開始往前走。

10 分鐘時，一位 3 歲的小男孩停了下來，但他媽媽使勁拉扯著他匆匆忙忙地離去。小男孩停下來又看了一眼小提琴手，但他媽媽使勁地推他，小男孩只好繼續往前走，但不停地回頭看。其他幾個小孩子也是這樣，但他們的父母全都硬拉著自己的孩子快速離開。

到了 45 分鐘時，只有 6 個人停下來聽了一會兒。大約有 20 人給了錢就接著往前趕路了。

約書亞‧貝爾總共收到了 32 美元。要知道，兩天前，約書亞‧貝爾在波士頓一家劇院演出，所有門票售罄，座無虛席。而

要坐在劇院裡聆聽他演奏同樣的那些樂曲，平均得花 200 美元。

　　當世界上最好的音樂家，用世上最美的樂器來演奏世上最優秀的音樂時，如果我們連停留一會兒傾聽都做不到的話，那麼，在我們匆匆而過的人生中，又會錯過多少美好事物呢？

　　是的，生活中不是缺少美，而是缺少發現。我們常常會犯下無意識的視若無睹的毛病，對身邊的美好和目前的擁有視而不見，似乎認為一切都理所當然。要想活得幸福滿足，關鍵是要用美的眼睛，積極關注生活中的一點一滴，感受柴米油鹽中的美好瞬間，享受發生在自己身上的「小確幸」。這樣，尋常光景裡也能開出絢爛的花，瑣碎生活中也能結出豐碩的果。比如：

　　伴著「火車馬上就要發車了」，你用飛一般的速度，終於在即將關門的那一刻登上了火車，這是一種「小確幸」；排隊時，你所在的隊動得最快，比同一時間排在其他隊伍的人早一點達到，這是一種「小確幸」；自己一直想買的東西，一直買不到，一天偶然在小攤便宜地買到了，「踏破鐵鞋無覓處，得來全不費功夫」，這是一種「小確幸」……

　　泰戈爾有句名言：「教育的終極目標，就是學會面對一叢野菊花而怦然心動的情懷。」從微小事物中感知美，是一種能力，是一切餽贈中最高的禮物。當你具備這種能力時，會發現自己離幸福又近了一步。欣賞最美的風景，不用長途跋涉，無需到風景名勝區，就在當下、在路上、在自己身上。

█ 1. 最美的風景不在明天，而在當下。

曾國藩說：「物來順應，未來不迎，當時不雜，既過不戀。」未來不可預測，過去的事不必糾結，當下才是最要緊的事情，也是最美麗的風景，其他的都是浮雲。

一位漁夫過著平靜有規律的小日子，出海打漁一天，回來在沙灘上曬太陽一天，然後再出去打漁，如此反覆。

一天，一位富翁告訴他，你可以先每天都出去打漁，賺了一筆錢後，買艘大漁船，再僱幾個人，然後就可以天天坐在沙灘上曬太陽了。漁夫聽到後反問他：「請問我拚命賺錢買艘大漁船的目的是什麼？」富翁說：「是為了以後好好曬太陽。」漁夫回答：「難道我現在不是在曬太陽嗎？」

富翁擁有漁夫奮鬥一生也得不到的財富，「路邊的乞丐擁有君王奮鬥一生也得不到的安逸」。每個人都有自己的小確幸，關鍵是珍惜當下的幸福。

█ 2. 最美的風景不在盡頭，而在路上。

阿爾卑斯山谷有一條汽車路，兩旁景物極美，路上插著一個標語牌勸告遊人說：「慢慢走，欣賞啊！」現代人的生活節奏很快，許多人在這車如流水馬如龍的世界過活，匆匆忙忙急馳而過，無暇回首流連風景，於是這豐富華麗的世界便成了一個無趣的囚牢。

木心有句很著名很溫馨的詩，「從前的日色變得慢。車，

馬，郵件都慢。一生只夠愛一個人。」慢也是一種美麗。我們要讓自己慢下來，帶著一種真誠的態度，細細欣賞品味生活中那些平平無奇卻實際很值得我們享受的小片段。

比如，上班路上，如果沒有特別要緊的事，看一看周圍的風景，你會發現，生活其實並不單調，雖然是同一條路，然而一年四季風景卻各有不同。

說不定哪天詩興大發，還會湧出像《嗅梅》一樣的創作靈感，「盡日尋春不見春，芒鞋踏破嶺頭雲。歸來笑拈梅花嗅，春在枝頭已十分。」

3. 最美的風景不在別人，而在自己。

我們要珍惜自己擁有的一切，健康、事業、家庭、友情等，別認為一切都理所當然，哪怕它們看起來算不上完美。人啊，從來都是在擁有的時候不以為意，失去錯過了才追悔莫及。

好多人常常把健康身體當成理所當然，認為是生命標配，直到生病或即將失去時，才發現沒有好好珍惜。作家史鐵生曾寫道：「生病的經驗是一步步懂得滿足。發燒了，才知道不發燒的日子多麼清爽。咳嗽了，才體會不咳嗽的嗓子多麼安詳。終於醒悟：其實每時每刻我們都是幸運的。」

6.2.2 儀式感是一件很重要的事情

儀式感是一件很重要的事情，它是對生活的重視，它讓生活成為生活而不是簡單的生存。

—— 日本作家　村上春樹

日復一日，年復一年。人生路漫漫，不僅需要「平平淡淡才是真」，也需要製造一些看似無用的儀式感，見證人生的重要時刻，讓平淡無奇的生活蕩起漣漪，使單調乏味的時光綻放光彩。

■ **1.儀式感是一種昭告天下的公開承諾，具有強化信念的作用。**

儀式最重要的意義在於以昭告天下的形式來昭告自我，實現對自我內心的確認。

以結婚為例，作為人生中的一件大事，從來不是像談戀愛這麼簡單，脫口而出「我愛你一萬年」，而是要經過求婚 —— 登記 —— 結婚酒席一系列繁瑣複雜的嫁娶儀式，並讓親朋好友來見證這一人生重要時刻，才算「明媒正娶」。這種公開承諾具有的社會約束力比悄悄暗戀一個人要強大得多，而且見證人越多，約束力就越強大。

相關研究顯示，結婚儀式可不是形式主義，辦不辦無所謂，尤其是對女性朋友更是如此。要知道，結婚儀式是走心的，對日後的婚姻幸福具有正相關作用。

在結婚儀式上，有一項必不可少的環節就是交換戒指，並

親手為對方戴上。這其中的意義就在於，一是表達新郎與新娘之間彼此尊重、彼此相愛的純淨愛情，一生只愛一人，同時，還有另一層含義，那就是對婚姻的承諾以及約束。戴上這個獨一無二的婚戒，雙方之間就形成了一種契約。因為人的意志力本身是非常有限的存在，有些時候，一旦稍微鬆懈，就會開始放任和放縱自己。當你對其他異性再有想法的時候，婚戒就是一個很好的警醒和約束，可以時刻提醒你有一個家庭和需要承擔的責任，做到潔身自好。

■ 2. 儀式感帶來「太陽每天都是新的」，可以讓生活更美好。

《小王子》裡有一句經典的話：「儀式感，就是使某一天與其他日子不同，使某一時刻與其他時刻不同。」因為有了闔家團圓、守歲祈福等儀式感的存在，春節就成為我們恭賀新年的隆重節日，復甦文化的重要時刻，尋找心理慰藉的源頭活水，整裝出發的加油站。但是，如果沒有儀式感，春節很可能就成了一個普通的七天長假。

為讓節假日變得美好，實現幸福增值，可以透過私人定製的方式，增加一些儀式感：

- 要有活動。過一個幸福、有價值的節日一定要有活動。生命在於運動，幸福在於行動。這個活動應該是成員能夠廣泛參與、可以進行雙向互動的。
- 要有感情。節日是我們家庭團聚、親人相會、朋友見面的

時節，這時的感情活動永遠是我們人類身心體驗中最強烈、最值得回味的。

- 要有完美的巔峰體驗。真正的完美體驗，不是簡單的保證體驗品質，而是要讓體驗超過他人原本的預期，關鍵是設定一些巔峰體驗點。

- 要有記憶。要盡量留下一些值得記憶的事情，比如說：照片、攝像、錄音、日記、筆記、感言、小紀念品等。這些資料當時可能沒什麼感覺，將來有一天朝花夕拾時，就會有一種特別的美好。

- 要有意義。無論是過節還是平常的生活，如果能找到其價值和意義，往往是最能讓我們體驗幸福的時候。比如，光大吃大喝一頓是不夠的，還要加入一些文化元素，讓節日變得更有價值和意義。

3. 儀式感可以強化職業神聖感，有利於提升團隊凝聚力。

互動儀式鏈理論（interaction ritual chain theory）認為，儀式過程中需要統一的互動符號和成員的情感共享，透過現場聚集後的互相分享和感染，共同的關注可以拉近成員之間的人際距離，有利於建立和諧的人際關係、增多積極的情感體驗。

在合適的時間節點舉辦一些有儀式感的事件，比如在新員工入職時舉辦歡迎儀式，老員工離職時舉辦歡送儀式，員工取得優異成績時給予大張旗鼓地表彰獎勵，出現違法亂紀的行為及時

進行警示教育等，這是很多公司加強團隊建設的有效載體，很有人情味，也很有成效，可以放大事件本身的意義感，讓員工感到自己被鄭重對待的感覺，進而也會更加鄭重地對待公司事務，增強工作的使命感和責任感，提升團隊的凝聚力和戰鬥力。

工作服就是職業儀式感的重要符號和福利。工作服不同於時裝，漂亮不漂亮不重要，關鍵是符合職業身分，做到形象統一，適合的就是最好的，統一就是先進的。當你穿上整齊劃一的工作服，走上工作職位的時候，就會給人一種歸屬感，你自己也會提醒自己現在已進入工作狀態；即便你走在大街上，也會有一種自我約束意識，「一言一行樹公司形象，一心一意為客戶服務」，我不僅僅是我自己，還代表著企業的形象，不能太隨意！

6.2.3　賦予工作不一樣的意義

即使是在最受限制、最乏味的工作中，員工一樣可以為工作賦予新的意義。

—— 美國心理學家
艾美・瑞斯尼斯基（Amy Wrzesniewski）、簡・達頓

大部分的辦公室行政人員基本上都是坐一天，偶爾簽字找上司、去財務報個帳走動幾下，很少有大量的走路或者體力上的勞動。運動量很大的應該是大腦、嘴巴和手，比如思考、溝

通、寫作之類，但是一天下來卻感覺身心俱疲！記得以前上學的時候，家裡大人有說，用腦過度也會瘦，意思就是大腦用得多了也會消耗脂肪，其實也算是一種運動量。但是以前是不累的，只是表現得很能吃。現在下班了基本上都快癱了！是老了體力不好了？還是其他原因？

你覺得上班疲憊不堪但又說不出個所以然，根本原因在於：你其實心裡很清楚你每天做的事情毫無意義。人本能排斥沒有任何創造性和成就感的東西，尤其反感機械性重複的活動。對於工作，也是一樣，你的身體反應比你誠實。

有一種心理學效應叫不值得定律，說的就是這個道理：一個人如果從事的是一份自認為不值得做、沒有意義的事情，往往會敷衍了事，這樣，事情就很難做好，也沒有成就感。

心態決定成敗。從心裡認同你的工作值得去做、很有意義，這是一件非常重要的事，哪怕自己從事的工作在外人看來微不足道，苦哈哈，窮哈哈，但是，當我們發現自己不是為了生存，而是為了某種召喚而勞動時，就能忍受在工作中暫時出現的厭倦、單調或煩悶等情緒，進而產生一種高尚、積極而豐富的體驗，也可以從工作中獲得更多的幸福感。

相關研究還發現，意義對於公司有很大的價值，工作很有意義的員工每週會多工作一小時，每年帶薪休假會少兩天。單純就工作時間而言，公司會發現，那些在工作中更能找到意義

的員工會投入更多的工作時間。然而，更重要的是，認為工作很有意義的員工明顯擁有更高的工作滿意度，而這又與提高生產率有關。

賦予工作的意義還有助於公司吸引人才、留住人才。《哈佛商業評論》（*Harvard Business Review*）曾對 2000 多名受訪者進行了調查，發現了這樣一個結論：平均而言，研究中的美國員工表示，他們願意放棄未來一生收入的 23％，以換取一份總是有意義的工作。考慮到人們願意花更多的錢在有意義的工作上，而不是把錢花在住房上，21 世紀的基本需求清單可能要更新為：「食物、衣服、住所 —— 以及有意義的工作。」

█ 案例　一封信，一顆心

現在社會發展很快，在一些大城市，不少人認為郵差的工作又苦又累，待遇低，不太需要專業技術，造成投遞員流失率一直居高不下。但在郵差小董眼中看起來，這是一件很值得去做好的工作，一直樂此不疲。

在投遞工作中，按址投遞還容易，最怕的是郵件地址不準確，尤其是國際化城市步調快，當地人口流動增大，外來人口加速匯入，做好投遞工作難度更大。每天投送的大量郵件中，時常會有地址不正確、門牌號碼缺失的「疑難」郵件，按郵政機構規定，這些郵件是可以退回的。

「一封信，一顆心」。在小董看來，每一封信都不是簡單的

一封信，而代表著一顆心，承載著親情、友情、愛情、商情，寄託著使用者的期盼和郵政的承諾，所以，他就無論如何都要想法幫這些「迷失」的郵件找到「主人」。

為了準確投遞，他經常利用休息時間到投遞郵路熟悉地形，及時掌握每幢樓房、每戶人家、每所學校、每個商家的變動情況，一一記錄在隨身攜帶的小本子上，做到了然於心。

曾經有一封信，收件人地址僅用外文寫著「xx 西路」和「16 室」，未寫多少弄、多少號。於是他先憑經驗推斷，「16 室」應該是室號的樓層，然後採用排列法，在投送完信件後到 xx 西路上十八層高的公寓一家家詢問，從第一幢樓的 16 樓找起，連找了 3 幢樓都沒有找到。找到 16 號樓時，為排除 16 這個數字可能是樓號的因素，幾乎問遍了樓內的所有住戶，仍然沒有任何線索。但他依然沒有放棄，憑著一股衝勁，最終在某號樓的 1603 室找到了收件人 —— 一位外籍教師。

20 多年來，身為一名郵差，小董騎行在城市街頭，摸索出「倒查法」、「網路搜尋法」、「判斷法」等工作法，先後復活這樣的「死信」上千多封，先後獲得許多獎。

6.2.4　**工作要有一點使命感**

每天早上去辦公室，感覺正要去教堂，去畫壁畫。

—— 美國企業家　巴菲特

心理學家埃米・瑞斯尼斯基認為，人們對待工作按照從低到高有3種方式，也會有截然不同的境遇和結果：

・　任務：在這種情況下，每天上班是因為他必須去，工作只是達到目的的手段（養家餬口），心情沉重，處於「要我做」的層次。除了薪水之外，他期盼的就是節假日了，他認同「黑色星期一，木訥星期二，平靜星期三，小喜星期四，快樂星期五」的說法。

・　職業：除了注重財富的累積外，也會關注事業的發展，比如權力和聲望等。關注的是下一個升職的機會，比如從講師到副教授再到教授，從科長再到處長等。當升遷停止時，就開始去別的地方去尋找滿意與意義。

・　使命：工作本身就是目標，使命感使人幸福，處於「我要做」的層次。薪水和機會固然重要，但更重要的是想要這份工作。他們的力量源於內在，對工作充滿熱情，也在工作中感到了充實和快樂。工作對他們來說是恩典，而不是折磨。

　　傳統上，事業是非常有地位的工作，如法官、醫生、科學家、教師等；但研究顯示，任何工作都可以成為事業，而任何事業也都可以變成工作。當事人對待工作的方式有時候比工作本身更重要。

　　有這樣一個故事，講的是約翰・F・甘迺迪（John Kennedy）

訪問美國太空總署時，看到了一個拿著掃帚的清潔員。於是他走過去問這人在做什麼。清潔員回答說：「總統先生，我正在幫助把一個人送往月球。」顯而易見，這位清潔員沒有單純把自己看成一個打掃環境的，他具有寬廣的眼界，能夠看到自己的工作與宏偉藍圖之間的關聯，認為自己的工作是為載人登月計畫提供服務和支撐的，具有相當不一樣的價值。

6.2.5　我的工作我作主，自在是最好的狀態

> 生命誠可貴，愛情價更高。若為自由故，兩者皆可拋。
>
> —— 匈牙利詩人　裴多菲（Sandor Petofi）

平常，我們應該都會有這樣的一種感受，外出旅遊時，到一個周圍都是陌生人的地方，雖然人生地不熟，但往往會覺得更自在。這是因為，沒有人認識我們，也沒有人對我們有任何標籤，我們不必強裝歡笑，也不必活在別人為你設定的角色裡，這是一種更接近真實的感覺，更容易讓人放鬆下來。

我們出差時，也會喜歡自己一個人住一個單獨的房間，這也是因為，忙碌了一整天，我們需要充分休息以補充體力和能量。當與別人合住時，出於禮貌等原因，我們要考慮別人的生活習慣，來調整自己的作息方式。而當一個人住時，就可以是更加真實的自我，讓自己真正放鬆一下，美美地睡上一覺。

常言道，自在是最好的狀態。有沒有對工作生活的自主權，

對自我幸福體驗非常重要。一個增強幸福感的方法，就是增加有自主權的事，並減少不可控的事情。這樣就意味著你可以選擇自己想過的生活，做符合天性的事情，持續的內在動力會更足。

在一項針對 824 名美國青少年的研究中，希斯贊特米哈伊把休閒分為主動和被動：玩遊戲和從事自己的愛好是主動的休閒，一切都在掌握中，想玩就玩，參與的過程中，39％的時間裡會體驗到心流，而只有17％的時間裡會有消極情緒；看電視和聽音樂是被動的休閒，播什麼就得聽什麼，參與的過程中，只有14％的時間裡會體驗到心流，卻有37％的時間裡會感到冷漠。所以選擇主動地還是被動地使用我們的休閒時間就很重要了。

對個人來說，就是多做控制圈裡的事，擴大控制圈的範圍。相關研究顯示，我們面臨的大大小小的事情，按照影響程度，可以進一步細分為控制圈、影響圈、關注圈這三個類目（見表6-1）。

表 6-1　控制圈、影響圈、關注圈的區別

	特點	處理原則
控制圈	是「我」能控制的；比如早上幾點起床，今天的行程安排，吃飯吃什麼等。	集中注意力處理控制圈的事情。盡可能多地分配自己的時間在控制圈。這樣往往是增加了自己的自信心，以及因為做的事情獲得良好反饋，從而可以做更多的事情，擴大了自己的控制圈，可以讓你的生活更有意義。

	特點	處理原則
影響圈	是「我」不能夠控制的，但是會產生影響力的；比如所在團隊會議的決定，比如我所參與的專案決策。	分配一定時間來處理影響圈的事情，在自己的精力允許範圍之內來處理，如果有和控制圈相關的事情，可以發揮自己的積極影響力，這樣，可能會使得影響圈的事情可以進入控制圈。
關注圈	是「我」在乎的、關心的，但我對它的走向沒有控制力，影響力也微乎其微，比如世界沒有戰爭，社會更加公平等。	分配一定時間來參與關注圈，調整自己的心態，不因關注圈的事情走向自己不願意的方向而產生消極情緒，積極看待。

對企業來說，就是擴大決策範圍，讓員工有更多自主權。杜拉克說：「21 世紀企業應該讓每個人都成為自己的 CEO。」一個團隊，如果能找出手下人的優勢，並讓他們把優勢施展開來，那麼死氣沉沉的團隊氛圍就會變得生龍活虎，生產力水準自然也會大幅提高。因此，如果你是老闆，請選擇個人優勢與工作需求相配合的人，做到人才其能；如果工作壓力無法改變，那請設計出能使下屬有更多選擇權的意境，授權他們可以在目標範圍內自己做決定。賽里格曼還建議，請一週保持 5 個小時作為「發揮個人優勢的時間」，盡量給員工分配能施展他們優勢的任務。

6.2.6　心中有目標，腳下有力量

一心向著目標前進的人，整個世界都會為他讓路。

—— 美國思想家愛默生（Ralph Emerson）

一個好的建築工程，在開工之前，一定會有一個好的施工圖紙，必定有清晰具體的規劃目標：何時開工，何時結束，地基挖多深，如何布局，哪裡設定歌劇院，哪裡設定音樂廳，哪裡設定停車場，需要多少停車位，需要多少工人，多少土方，造價多少，建成後會是什麼樣子，如何與周圍建築形成整體和諧美等？這些都將直接影響著整個建築工程的品質和效果。

如果沒有開工之前的精心設計和施工規劃，而是邊施工邊安排，「騎驢看唱本 —— 走著瞧」，即使施工人員是能工巧匠，工程品質也會一塌糊塗。

大家知道，「德國製造」是響噹噹的品牌，人們往往自然地將其與產品品質上乘劃上了等號。小到螺絲刀，中到汽車製造，大到大型建築工程，大家都認為德國製造品質相當穩定。但是，德國製造如果沒有很好的規劃設計，也會陷入泥潭而無法自撥。

據 2019 年的一則新聞報導，蓋了 13 年仍然沒蓋完的柏林勃蘭登堡機場，近日又傳噩耗，在建中的二號航站樓出現眾多問題，部分已建成的建築面臨拆除。

8 月底，一份對勃蘭登堡機場二號航站樓監測報告顯示，整個建築中大約存在著 250 處問題。這些問題涉及管線、牆面等各方各面。為了「修正」這些問題，將不得不對一些已經建成的部分進行拆除重建。

就在幾個月前，工程負責人還信誓旦旦地堅稱機場一定會在 2020 年如期竣工開業。「這次我們一定能做到！我們有一個明確的時間表，我們已經準備好了應對各種風險的措施。」

要知道，勃蘭登堡機場早在 2006 年就開工建設，原計畫是 2011 年就要投入使用的。如今，距離開工已是第 13 個年頭了，機場何時竣工仍遙遙無期。

讓我們來一起看看這 13 年裡這座機場到底遭遇了什麼 ——

2006 年 9 月 5 日，勃蘭登堡國際機場正式破土動工，預計 2011 年 10 月 30 日啟用；2010 年，設計公司破產，啟用日期推遲；2012 年 5 月，因機場防火設施不合格，啟用日期被再次推遲；2015 年，由於天花板裝載了過重的排煙風扇，基於安全隱患，機場施工被再次叫停；2016 至 2017 年上半年，由於種種原因，施工時間再次延長，機場營運方一再表示新機場將在 2017 年底投入使用；2017 年 9 月，風險管理經理預測柏林機場的最早營運時間將推遲到 2021 年。13 年了，雖然柏林人民始終沒能用上漂亮的新機場，但他們收穫了更重要的東西 —— 無與倫比的耐心。

為什麼一座機場能蓋個 13 年仍未完工？普華永道曾在一份評估報告中這樣寫道：這座航站樓竟然從規劃開始就沒有可靠的參考資料，在規劃過程中，也沒有確定二號航站樓究竟每日需要接待多少旅客，沒有確認該航站樓究竟需要建設多少個安檢口，甚至連這棟樓究竟要蓋幾層都沒定下來。這一切導致的後果是，二號航站樓的結構被各種調整，面積從最初的 15000 平方公尺擴大到 23000 平方公尺，其他大大小小的改動也絡繹不絕。

　　今年 3 月，德國萊茵集團曾對二號航站樓進行過一次評估。在最終提交的 61 頁報告中，提及工程中存在諸多問題。比如消防系統的安全電纜就存在多大 1 萬多處的安全缺陷。要知道，這還是機場進行過自檢後再進行的評估。據稱，機場自檢時發現的問題比報告中的數字高出了整整 4 倍。在這份報告的結尾，德國技術監督協會這樣寫道：「目前看來 2020 年 10 月開門迎客，只能是機場方面美好的願景。」

　　建築工程錯了，或許還有補救的機會，大不了拆了重來，但是，人生是一條單行線，每一刻都是現場直播，具有 100% 的不可逆性，所以更需要明確目標，規劃未來。縱使你現在整天搬石頭，心中也要有一座大教堂。你心中的目標，決定了你將度過怎樣的人生。

　　哈佛大學曾進行過這樣一項追蹤調查，對象是一群意氣風發的哈佛大學畢業生，他們的智力、學歷、環境條件都相差無

幾。在邁出校門之前，哈佛大學對這些青年才俊進行了一次關於人生目標的調查。結果發現：27%的人，沒有目標；60%的人，目標模糊；10%的人，有清晰但比較短期的目標；3%的人，有清晰而長遠的目標。

轉眼之間25年過去了，哈佛大學再次對這群學生進行了追蹤調查（見圖6-1）。結果如下：3%的人在25年的時間裡朝著一個方向不懈努力，幾乎都成為社會各界的成功人士，其中不乏行業領袖、社會菁英；10%的人，不斷實現人生的短期目標，成為各個領域中的專業人士，大多數生活在社會的中上層；60%的人安穩地生活與工作，但沒有什麼特殊的成績，幾乎都生活在社會的中下層；剩下27%的人沒有人生目標，做事沒有規劃，「腳踩西瓜皮，滑到哪裡是哪裡」，生活得很不如意，並且常常抱怨他人、抱怨社會、抱怨這個「不肯給他們機會」的世界。

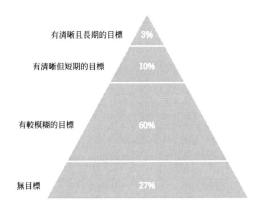

有清晰且長期的目標　3%

有清晰但短期的目標　10%

有較模糊的目標　60%

無目標　27%

圖 6-1　哈佛大學調查結果

荀子講，「幹、越、夷、貉之子，生而同聲，長而異俗，教使之然也。

這個案例充分表明，有沒有目標，人生大不相同。當我們有了這種目標感時，那種感覺就像聽到了「真我的呼喚」，可以讓人目無暇顧，奮力奔跑，最終超越自己的家庭、血緣、環境，掙脫時代的束縛，創造出讓人刮目相看的成績，推動社會的進步和人類的發展。而沒有目標的人則是雜亂無章的，哪怕起步起點很高，看似很忙，其實是無頭的蒼蠅，東碰西撞，做的是無用功，最後的結果往往是贏在了起跑線，輸在了終點站。

6.2.7　跳出舒適區，主動尋求挑戰

我們每個人的成長過程，都是舒適區在不斷擴大的過程。

—— 心理諮商師　武志紅

心理學研究認為，人類對於外部世界的認識可分為三個區域：舒適區（comfortzone）、學習區（stretchzone）和恐慌區（stresszone），詳見圖 6-2。

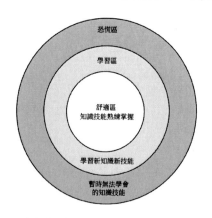

圖6-2　人類對於外部世界的認識分為三個區域

最裡面一圈是「舒適區」，對於你來說是沒有學習難度的知識或者習以為常的事務，每天處於熟悉的環境中，做熟悉的的事情，和熟悉的人交際，感覺得心應手，輕車熟路。但這對你並不是好事情，正如蘋果前副總裁 Heidi Roizen 所說的那樣，「如果你做的事情毫不費力，就是在浪費時間」。這時，你就要給自己訂個新的目標，來主動打破成長的天花板，以實現持續精進。

中間一圈是「學習區」，對你來說有一定挑戰，稍感不適，但是不至於難受。學習區裡面是我們很少接觸甚至未曾涉足的領域，充滿新穎的事物，在這裡可以充分地鍛鍊自我，提升自己，也更有成就感。當你前進受到了阻礙，然後一舉擊破，才會得到成功的喜悅和快感！若是一開始就是寬闊大道，你將得不到任何成就感。

最外面一圈是「恐慌區」，超出自己能力範圍太多的事務或知識，像讀天書一樣，密密麻麻，感覺頭暈，不堪重負，心理感覺會嚴重不適，甚至可能導致崩潰。比如，讓一個沒有一點英語基礎的人直接研讀外文資料。

想一想，現在的你對工作的感覺處於什麼狀態？如果你感覺很輕鬆，不費吹灰之力，那麼就可能處於舒適區中；如果你感覺到壓力很大，疲憊不堪，那麼就可能處於恐懼區中。但是，這兩種狀態都不是理想的狀態。

心理學研究結果表明：只有在「學習區」內做事，讓挑戰的

難度和自身能力相匹配，做需要費點勁才能做到的事時，才能開拓思維和視野，激發潛力，充分發揮自身的才能。正如哲學家伯特蘭·羅素所說，「真正令人滿意的幸福總是伴隨著充分發揮自身的才能來改變世界」，這樣的人生最充實、最有意義、最幸福。

具體來說，是挑戰的難度略比能力高出 5%～ 10%。這時，不會太簡單也不會太難，不是壓力山大也不是沒有壓力，最容易讓人沉浸其中，我們會調動全部能量完成挑戰，更容易產生心流。

因此，一些激勵做得比較好的企業往往會利用這一原理，制定目標時既不讓大家去摘星星，又不會讓大家觸手可及，而是制定一個跳一跳可以摘桃子的目標，這樣激勵效果是最好的。如果目標定得過高，跳一跳、蹦起來也搆不著，長此以往的結果基本是負面的，甚至集體放棄目標，等著公司年末調整或考核放水，責不罰眾、不了了之；如果目標定得過低，就容易養成一種惰性文化，使公司失去良好的成長性。

這三個區域不是一成不變的，而是可以轉化的。隨著人生閱歷的增長，原來的恐懼區可能轉化為學習區，在學習區待得久了，也會進一步轉化為舒適區。一直躲在自己固有舒適區中不出來的人，只能原地踏步走，甚至不進則退。這時，就要主動走出舒適區，走進學習區，這樣才能實現持續成長。

第七章 支柱 5：
精進自我管理，以個人成就撫慰壓力

當我年輕的時候，我夢想改變這個世界 ；當我成熟以後，我發現我不能夠改變這個世界，我將目光縮短了些，決定只改變我的國家 ；當我進入暮年以後，我發現我不能夠改變我們的國家，我的最後願望僅僅是改變一下我的家庭，但是，這也不可能。當我現在躺在床上，行將就木時，我突然意識到：如果一開始我僅僅去改變我自己，然後，我可能改變我的家庭 ；在家人的幫助和鼓勵下，我可能為國家做一些事情 ；然後，誰知道呢？我甚至可能改變這個世界。」

—— 英國西敏寺大教堂墓碑林中一塊墓碑上的話

這段話告訴我們，正確的人生路徑應該是改變自己 —— 改變家庭 —— 改變國家 —— 改變世界，千萬不要弄顛倒了，一開始就想著改變世界，最後什麼也改變不了。要記住，從改變自己入手，做好自我管理，這是人生的第一課，也是走向成功的第一步。

7.1　內外兼修：自我提升的重要性

歷史上的偉人 —— 拿破崙、達文西、莫札特 —— 都很善於自我管理。這在相當程度上也是他們成為偉人的原因。

—— 現代管理學之父　彼得・杜拉克

「君子為政之道，以修身為本」、「修己以敬」、「修己以安人」、「修己以安百姓」。中國古人講究修身齊家治國平天下，而修身是第一位的，自律歷來是做人、做事、做官的基礎和根本。

7.1.1　管理好自己的時間

每一個不曾起舞的日子都是對生命的辜負。

—— 德國哲學家　尼采

杜拉克在談到優秀管理者必須具備的 5 項主要習慣時，第一條就談到了要善於利用有限的時間。時間是最稀有的資源，絲毫沒有彈性，無法調節、無法貯存、無法替代，而任何工作又都要耗費時間，因此，一個有效的管理者最顯著的特點就在於珍惜並善於利用有限的時間。

一、管理好自己的時間＝管理好自己的人生

人生天地之間，若白駒之過隙，忽然而已。

—— 莊子

想一想你已翻過了多少天，明天還有多少天？所以，我們一定要有「把今後的每一天，都當成生命裡的最後一天」的惜時意識，管理好自己生命裡的每一分鐘。

▌ 1. 制定工作計畫，化無序為有序。

許多管理者常以沒時間作為不做計劃的藉口，但是，越不做計劃的人越沒有時間。計劃是工作有效率的前提，只有把那些看似繁瑣、亂成一鍋粥的工作，變得有條理、有邏輯，時間運用效率才能提高。

值得注意的是，在制定計畫時，不能把時間表排得滿滿的，分秒必爭，這樣只會增加壓力，可以適當留出一些彈性空白時間，以便應急，或是來調整心情。

▌ 2. 運用「90分鐘原則」，擠出整塊時間集中做好一件事。

「90分鐘原則」認為，一個普通人「超過90分鐘」精力無法集中，而「不夠90分鐘」則難以處理好一件事。尤其是現在手機控占比越來越高，我們要有意識地控制自己，學會管住自己的手，不要經常下意識地摸摸手機，把整塊的時間碎片化。

杜拉克曾指出，「每一位知識工作者，尤其是每一位管理者，要想有效就必須將時間做整塊的運用。如果將時間分割開來零星使用，縱使總時間相同，結果時間也肯定不夠。」運用「90分鐘原則」，可以作為制定一個小型會議、一次績效面談、一項重要決策的參考時間。

此外，一名管理者還應該確保員工有足夠的、不被打擾的工作時間，這樣他們才能專心致志地關注重點，進而提升工作效率。當下屬們正在緊張工作時，除非情況緊急，最好不要貿然打斷他們的工作。

▌3. 充分利用碎片化時間進行學習和思考。

　　魯迅先生說：「時間就像海綿裡的水一樣，只要擠，總是會有的。」想一想，即使在我們工作生活很忙的時候，還是可以擠出一些碎片化時間進行學習和思考的。

　　比如，邊走路邊思考一下工作的思路，或許有意想不到的收穫；在坐車過程中，可以聽知識型的數位學習廣播，讓通勤時間不枯燥；約了朋友一起用餐，等待朋友赴約的時間，可以看兩篇文章；早晚盥洗的時候，還可以同時聽一下當天的新聞，補充一下資訊能量等。

▌4. 及時清理辦公桌，做到整潔有序。

　　美國西北鐵路公司前董事長羅蘭‧威廉姆斯曾說過：「那些桌子上老是堆滿亂七八糟東西的人會發現，如果你把桌子清理一下，留下手邊待處理的一些，你的工作就會進行得更順利，而且不容易出錯。這是提高工作效率和辦公室生活品質的第一步。」

　　試想一下，如果你的辦公桌上一塌糊塗，那麼你想要找的東西就算在眼前，可能也無法看到。但是，如果借鑑「6S 管

理」^[07] 的方法，實行物品定置定位管理，那麼你想要的東西自然就會浮出水面，長此以往，就會省卻好多查詢的時間，還能夠有效地避免差錯。因此，善作為的管理者應該懂得將物品整齊歸類，保持辦公桌整潔、有序。

■ 5. 對電腦檔案及時進行分類歸檔處理。

現在是辦公自動化時代，對管理人員來說，電腦逐漸像農民的鐮刀鋤頭一樣，是必備的勞動工具。因此，如何對電腦檔案及時進行分類歸檔處理顯得很有必要。

· 為所有經常用到的程式設定快捷方式，讓你可以一下進入程式，而不必每天都要重複同樣的步驟。

· 桌面檔案按照四象限進行管理。對正在處理的檔案在電腦桌面上建立待辦事項資料夾，完成一個，就整理歸檔一個。

· 把關於某一專案或任務的檔案歸置於一個資料夾，及時進行歸檔處理。比如，可以將已完成的檔案按屬性分成：公司發文、上級來文、綜合資料（通訊錄、工作日誌等）、文稿（老闆發言、調研報告等）。

· 用「3W1V」原則命名檔案。比如，「20210630- 行銷計劃書 - 集團公司 -V3」，「3W」分別指：When 時間 —— 20210630；Work 事項 —— 行銷計劃書；Who 主體 —— 集團公司。「V」版本 —— 修改第 3 版。注意：不要使用無意

---

[07]　一種來源於日本的管理方法，即整理（Seiri）、整頓（Seiton）、清潔（Seiketsu）、規範（Standard）、素養（Shitsuke）、安全（Safety）

義的檔名，比如 asdmb2.doc；也不要用縮寫，比如 zgyzqd.
xls（就算當時你知道什麼意思，但很快自己也會忘掉，別
人更看不懂什麼意思）。

· 給重要檔案做好備份。可以選擇同步到雲端，每週同步一
次，也可以選擇備份到行動硬碟，每月備份一次。不然，
等到檔案丟失時，只能欲哭無淚了。

· 提醒一點，如果你是 Windows 作業系統，不要把重要檔案
放 C 盤裡，如果你是 Mac 系統，不要把重要檔案放系統資
料夾下。因為一旦作業系統有問題，很可能造成檔案永久
丟失。

二、一定要在陽光燦爛的日子修屋頂

　　國雖大，好戰必亡；天下雖平，忘戰必危。

—— 《司馬法》

　　中國的漢字博大精深，往往可以從一個字裡能解讀出很多
意義，「贏」字就是一個多義字。一個人要想贏，就要具備五項
基本條件，而第一條件就是「亡」，要有風險意識；其餘依次是
「口」、「月」、「貝」、「凡」，分別代表交流溝通的能力、正確的
時間觀、一定的金錢財富、要有一顆平凡心。

　　「安而不忘危，存而不忘亡，治而不忘亂」。憂患意識是一
種積極的心態，可以讓我們保持頭腦清醒。沒傘的人比有傘的
人更有憂患意識，所以跑得更快，過得更好。

某縣一南一北之間有個明顯的分水嶺，那就是南片的耕地好，土壤肥沃；北片的耕地差，是鹽鹼地。在古時候，大家基本上以農業為主，靠天靠地吃飯，南方區域由於耕地品質好，收成也高，生活明顯富足安逸。這樣，就導致南北區域有一個無形的分水嶺，南方區域的女孩都不願往北方區域嫁，北方區域略有姿色的女孩都願意向南飛。

　　後來，隨著時代不斷進步，北部區域的農民由於土地品質不好，對土地的依賴性就差，危機意識就強，看到都市發展的一些商機，就相繼放棄了以土地為營生的想法，大量人口到都市做些收廢品、賣小商品的生意，這樣，一傳十，十傳百，相繼在生意上立穩了腳跟。生意來錢快，來錢活，北部區域居民的生活品質很快就超越了南部區域的居民。現在，又有了新的分水嶺，就是土地越差的農民越富裕，土地越肥沃的農民反而越貧窮。

　　後來，我走南去北，發現那邊不是例外，具有一定的普遍性，那就是「土地肥沃程度與農民富裕情況負相關」。

　　沒有憂患是最大的憂患。一個沒有憂患意識的個人是沒有前途的，一個沒有憂患意識的組織是沒有希望的，一個沒有憂患意識的公司是可悲的，一個沒有憂患意識的國家也是不堪一擊的，哪怕它看起來實力雄厚，其實是外強中幹。

　　增強憂患意識，就是要居安思危，善於運用底線思維的方法，把形勢想的更複雜一點，把挑戰看得更嚴峻一些，凡事從壞

處準備，做好應對最壞局面的思想準備，努力爭取最好的結果。

即使如日中天，也要當心日落西山。

三、做好重要而不緊急的事

是故聖人不治已病治未病，不治已亂治未亂，此之謂也。
夫病已成而後藥之，亂已成而後治之，譬猶渴而穿井，鬥而鑄
錐，不亦晚乎。

——《黃帝內經》

在時間管理中，「四象限原則」是一個被人推崇而廣為人
知的方法。簡單來講，就是按照緊急程度和重要程度，將需要
完成的事情劃分到四個像限中去，即緊急又重要、重要但不緊
急、不緊急也不重要、緊急但不重要（見圖 7-1 和圖 7-2）。

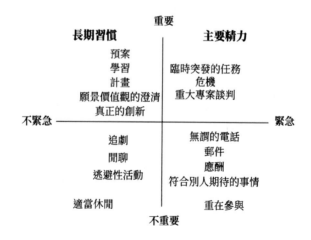

圖 7-1　時間管理中「四象限原則」

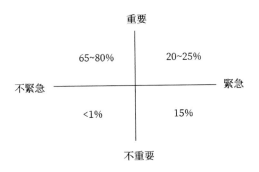

圖 7-2　高效能人士時間安排

　　第三象限與第四象限事務不必多說，重點在第一象限與第二象限，因為任何情況下都要做重要的事。很多人的重心在第一象限事務，這其實是個陷阱。一直處理重要緊急的事，你會處於救火狀態，被牽著鼻子走，會筋疲力盡，焦頭爛額，但收效甚微。不僅如此，你沒顧上的第二象限事務，它會在意想不到的時候變為第一象限事務，給你火上澆油、猝不及防。因此，重心要放在第二象限事務上，這相當於防火，防患於未然。這樣，人生才會顯得從容不迫、自如應對。處理第一與第二象限事務的時間占比，也是平庸之輩與高效人士形成差距的分水嶺。

　　但是，很多人對「重要不緊急」的理解並不完全。我們經常說的重要不緊急的事，包括學習、鍛鍊身體、放鬆心情、預防措施等。但這只是其中一部分。另一部分是，所有事務，都可以透過提高工作槓桿率，把它變為重要不緊急的事。比如，一個公司從一整年的跨度來看，一般年初有工作會，半年有座

談會，季度有經營分析會，三季度往往還有務虛會，這些材料都可以提前思考準備，將重要而緊急的事情變為重要而不緊急的，透過有效的計畫性和預見性來平衡工作量，使工作張弛有度，而不是緊張的時候忙得找不到北，輕鬆的時候又無所事事。

對組織來說，很重要的是提前布局重要而不緊急的事情，化解重要且緊急的事情於無聲無息之中。某企業家，當他第一次讀杜拉克的書時，對「管理得好的工廠，總是單調乏味，沒有任何激動人心的事件發生」這句話很是費解，直到細細思索後，才明白這句話所蘊含的管理境界。整天鑼鼓喧天、鞭炮齊鳴，今天這運動，明天那突破，是管理不好企業的。

修理屋頂的最好時間，是在陽光燦爛的日子，或者另建一個更大更結實的房子。一定要在風險到來前就主動化解，未雨綢繆事半功倍；等風險到來，亡羊補牢就會手忙腳亂，而且往往事倍功半。

很多成熟的大公司無論做任何事情都有備手，都要有一個乃至更多備胎計畫，即 Plan B、Plan C、Plan D 等。一旦 Plan A 計畫失效，就立即啟動 PlanB，做到有備無患。

比如，在資訊科技支撐方面，他們一般會在相隔較遠的異地，建立兩套或多套功能相同的 IT 系統，當一處系統因意外（如火災、地震等）停止工作時，系統可以自動切換到另一處，保持系統正常工作。

在人力資源配置方面，他們往往會設定 AB 崗，以備不時之需。當 A 崗承擔人因出差、休假等情況離崗時，由 B 崗備選代替其履行職責，這樣公司就不會因為 A 的離崗而造成業務中斷或延期。

……

對個人來說，很重要的是把大部分的時間安排在了重要但是不緊急的事情上，並管理好這些事情。事實上，人生中多數重要而緊急的事情是可以預判的，如果提前布局就可以轉化為重要而不緊急的事。前些年在農村，生兒子娶媳婦就要提前蓋房子，生女兒嫁姑娘就要提前準備女兒紅酒，這些都是很重要的必須事項。殷實之家往往會提前好幾年就要備好這些必須品，將日子打理得井井有條，顯得從容不迫；窘迫之家多是臨時抱佛腳，顯得手忙腳亂，忙得一塌糊塗。

從健康的角度來講，看「未病」是人們養生的主要祕訣之一，身體不舒服就要注意了，有病趕緊治，甚至防病於未然，提前進行預防，不要久病不醫，等病入膏肓了才四處求醫。「上醫治國，治未病之病；中醫治人，治欲病之病；下醫治病，治已病之病。」不治已病治未病是中醫藥精髓理論，現在很多地方的中醫院都設有治未病中心。

美國著名影星安潔莉娜·裘莉（Angelina Jolie）有家族性乳腺癌史，曾祖母、祖母和姨媽都因乳腺癌去世。她非常擔心自

第七章　支柱5：精進自我管理，以個人成就撫慰壓力

己會重蹈家庭悲劇，因此去做了基因檢測。

結果，她的基因檢測顯示體內攜帶乳腺癌基因 BRCA1 突變，患乳腺癌的風險高達 87%，於是，她與醫生商量後進行了預防性乳腺切除，把乳腺癌風險降低到了 5%以下。

從職業角度來講，要提前預判未來的變化和潛在的風險，完成職業轉型，預先布局好自己的後半生。網路上流傳一句話，叫做「風來了，豬都會飛」，但是後面還有一句話「風停了，豬就會掉下來」。不管風再大，總會有停的時候，因此，要提前做好預判，做好準備，當永遠不會掉下來的豬，至少要當最後掉下來的豬。

現代管理之父杜拉克說：「管理後半生有一個先決條件，你必須早在後半生之前就開始行動。」也許有人說，我的工作非常穩定。其實此言差矣，越是穩定的工作，反而意味著更大的風險。因為工作越穩定，你對組織的依賴性會越強，世上本沒有鐵飯碗，一旦失去這份穩定的工作，你會發現自己像個低能兒，幾乎什麼也做不了，這將是人生中十分辛酸和無奈的事情。

作為一個在現代社會生存發展的人，要想多一些選擇和自由，就要擁有隨時離開體制（供職的任何機構）的能力，實現隨身碟化生存。如果你一時沒有勇氣離開體制，不妨可以試著當個有趣的「斜槓青年」[08]。

---

[08]　「斜槓青年」出自麥瑞克・阿爾伯（Marci Alboher）撰寫的書籍《雙重職業》(One Person/Multiple Careers: A New Model for Work/Life Success)，指的是一群不再滿足

四、不會休息就不會工作

休息與工作的關係，正如眼瞼與眼睛的關係。

—— 印度近代著名詩人　泰戈爾

「會休息」是一種職業能力，和溝通、表達、講演一樣，是一種實力。

休息的真正含義是什麼？不是為了爽，而是恢復疲勞，更好工作。當你重新投入工作與學習的時候，你覺得又是一個精力充沛的新人，一個電量滿格的戰士。

■ 1. 擠出空隙短暫休息調整，快速補充能量。

在當前高強度的商業社會中，越來越多的公司進入「加班常態化」模式。面對組織整體的加班文化氛圍，作為個體，我們無力改變。大家都在加班，單單你不加班，會顯得特立獨行，讓人感覺你不夠敬業上進，容易被組織邊緣化。

從人性的立場上來說，人不同於機器，無法持續工作。即使是心底最善良的人，在身體疲憊不堪、神經衰弱的時候，也會變得不通情理、脾氣暴燥，甚至引發過勞死。著名過勞死問題研究者森岡孝二便提出：「到了今天，過重勞動與過勞死已成為世界性問題，尤其在韓國和中國已日趨嚴峻。」所以，越是「加班常態化」，「會休息」愈發突顯其重要價值和現實意義。

「專一職業」的生活方式，而選擇擁有多重職業和身分的多元生活的人群。

成功人士都具備一個共同的特點，面對焦慮壓力和繁雜事務的裏挾，他們能夠擠出空隙休息，或者在旅行途中，或者在會議前的五分鐘，他們都可以隨遇而安，快速地打個盹，透過短暫的休息調整，快速補充能量。

傳說拿破崙每天只睡 4 個小時，而在發動攻擊的前夜，睡得更少。儘管如此，他十分善於休息，有時在兩次接見活動的 5 分鐘間隔裡，也可以美美地睡上一覺，從而保持充沛的精力和旺盛的體力。

▌ 2. 透過「做」來解決「累」，用積極休息取代消極放縱。

實際上，我們的疲憊主要來自對現有一成不變生活的厭倦。所以，休息不一定非要停下來，換個頻道也是休息。我們可以透過「做」來解決「累」，用積極休息取代消極放縱。

科學家研究發現，大腦皮質的一百多億神經細胞，功能都不一樣，它們以不同的方式排列組合成各不相同的聯合功能區，這一區域活動，另一區域就休息。所以，透過改換活動內容，就能使大腦的不同區域得到休息。

心理生理學家謝切諾夫（Ivan Sechenov）做過一個實驗，為了消除右手的疲勞，他採取兩種方式 —— 一種是讓兩隻手靜止休息，另一種是在右手靜止的同時又讓左手適當活動，然後在疲勞測量器上對右手的握力進行測試。結果表明，在左手活動的情況下，右手的疲勞消除得更快。這證明變換人的活動內容

確實是積極的休息方式。

如果你寫一份策劃案，連續工作了 3 個小時，感到有些疲倦，可以在腦力勞動內部轉換，比如，閱讀自己喜歡的書。也可以由腦力勞動轉入體力勞動，比如，收拾一下辦公物品、給花草澆水施肥修剪等；可以打打電話，社交一下，了解一些市場資訊；還可以出去走一走，找一條從沒去過的街道，用腳步把它走完，或許你會發現這個熟悉的城市也會有別樣的味道。

法國思想家盧梭（Jean Rousseau）這樣談過換場休息的心得，「我本不是一個生來適於研究學問的人，因為我用功的時間稍長一些就感到疲倦，甚至我不能一連半小時集中精力於一個問題上。但是，我連續研究幾個不同的問題，即使是不間斷，我也能夠輕鬆愉快地一個一個地尋思下去，這一個問題可以消除另一個問題所帶來的疲勞，用不著休息一下腦筋。於是，我就在我的治學中充分利用我所發現的這一特點，對一些問題交替進行研究。這樣，即使我整天用功也不覺得疲倦了。」

3. 好睡眠是最好的補品，是最好的休息方式。

國際知名的《科學》（Science）雜誌刊文披露了一項關於人類睡眠的最新研究成果：當人類睡著後，血液會週期性地流出大腦，腦脊液隨即進入，對大腦裡 β 澱粉樣蛋白等代謝副產品進行消除。這樣的過程在睡著後才能實現，因為在人醒著的時候，神經元不會同開同關，讓大腦血量下降到足夠低的水準。

只有睡著之後，大腦裡沒有那麼多血液，腦脊液才能自如地循環開來。這也能解釋，為什麼人一覺醒來，會感到頭腦清爽，而熬夜、失眠則讓人頭腦昏沉。該研究也有助於揭示睡眠和阿茲海默症、自閉症等神經疾病之間的關係。

遺憾的是，在現代社會，隨著人們生活節奏的加快，工作壓力的持續增大，睡眠正成為越來越多人的奢侈品。據世界衛生組織統計，世界約 1/3 的人有睡眠問題。

讀到這裡，有些失眠的讀者朋友可能會說，對睡眠不足的嚴重後果和睡眠充足的重要意義，這些道理我都懂，感同身受，我也想睡，但就是睡不著。下面綜合了多位專家的觀點，為提升你的睡眠品質提供參考。

▍提升睡眠品質的方法

- 良好睡眠最重要的是不要太在乎。一想到明天有重要的事情，就擔心晚上睡不好，翻來覆去睡不著，然而越用力越睡不著。

- 合理地利用睡眠週期理論。科學入睡時間是 22 點－ 22 點 30 分，半小時或一小時後進入深度睡眠，而且午夜 12 點到凌晨 3 點是人體自然進入深度睡眠的最佳時間。

- 睡前清空大腦，或選擇做自己熟悉和喜愛、給予人安全寧靜感的事情，如看劇、聽歌等能帶來安全感的節目，避免做容易引發焦慮或興奮的事，越做越興奮。

- 養成鍛鍊身體的習慣，但不要在入睡前劇烈運動。
- 放鬆和正念冥想可以幫助我們緩解焦慮，讓入睡變得更加容易。專注調節呼吸與放鬆。
- 慎重對待宵夜，睡前不要過度飲食，也避免在飢餓狀態下入睡。
- 睡前 1 小時，調暗臥室燈光。在睡前收起智慧型手機。
- 透過日記或電子追蹤器記錄睡眠情況；讓伴侶幫你注意是否有睡眠呼吸中止症等睡眠障礙，並及時就醫。
- 了解自己身體如肩頸、腰椎對於枕頭、床墊軟硬高低的不同需求，提升睡眠硬體舒適度。
- 睡前沐浴有助於緩解疲勞。保證身體清潔以及裸睡更容易讓睡眠品質得到提升。
- 不要讓臥室溫度過高，保持在 20-23° C 最為適宜。
- 如果睡不著，不要在床上輾轉反側，起來去做一些安靜且放鬆的事情，直到再次有睏意時再回到床上。
- 睡眠要遵循自然規律。人應順應自然的規律來調整自己的生活，否則人的生命就有可能受到傷害。

7.1.2 管理好自己的顏值

各美其美，美人之美，美美與共，天下大同。

—— 著名社會學家

古人云，愛美之心人皆有之。尤其是在今天這個看臉的時代，顏值就是正義，我們為人處世，更要注意打扮自己，讓別人能賞心悅目。

一、人靠顏值馬靠鞍

美是人間不死的光芒。

—— 現代詩人　徐志摩

平常人們說：「長得漂亮有什麼用，能當飯吃啊！？」事實上，長得漂亮，的確能當飯吃，還很有用。以貌取人雖然膚淺，但是美是看不見的競爭力。

顏值還與事業有直接關係，影響其職業發展和個人收入。我們說，欣賞一個人，始於顏值，敬於才華，合於性格，久於善良，終於人品。沒有顏值，故事很可能沒有下文，到此就劇終了。

相關研究顯示：照片好看的履歷更容易被人力資源部篩選出來，更可能得到入職的機會。如果你去參加一場面試，過程可能需要 15 分鐘，甚至更長的時間，但是，面試官通常在 30 秒內就決定了是否要你，剩下的時間基本是靠提問來驗證他們的判斷。第一整體印象非常重要，其中，外在打扮占 55％，個人行為舉止占 38％，交談內容只占 7％。要知道，你永遠沒有第二次機會給人留下良好的第一印象（見圖 7-3）。

《三國演義》裡龐統才高八斗，學富五車，可以與諸葛亮齊名，但由於相貌醜陋，顏值太差，導致孫權、劉備兩個「伯樂」都沒有慧眼識英才，把龐統視為千里馬。龐統去拜見孫權時，「權見其人濃眉掀鼻，黑面短髯、形容古怪，心中不喜」。龐統又見劉備時，「玄德見統貌陋，心中不悅」。

　　連龐統這樣的曠世才子都有因顏值低被埋沒的可能，何況我們等閒之輩呢？所以，千萬不要以為自己有點才華就為自己的不修邊幅找合理化藉口。

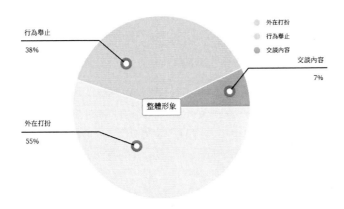

圖 7-3　整體形象的比重分布

　　莎士比亞說：「外表明示人的內涵。」人一般是表裡如一的，可以貌相的，那些核心層面精妙的人，外貌層面也基本都是能做到妥當的恰到好處；那些邋遢不修邊幅的人，多半沒有多少深邃的內涵。大家都很忙，沒人有義務透過不修邊幅的外表，

去耐著性子發現你優秀的內在。得體的外表是對自己的尊重，也是對他人的尊重。

我們留意一下身邊的人，也不難發現，越成功的人，越能管住自己的嘴，邁開自己的腿，管理好自己的身體。而越是底層的世界，越是油膩無度，他們吃無節制、吃得肥頭大耳，玩無節制、玩得通宵達旦，喝無節制、喝得爛醉如泥，享無節制、企圖榮華富貴。

CCL 領導力調研也表明：《財富》500 強公司的執行長中找不到一個體重超標的人。一個人如果能帶領好一個幾萬人的團隊，也必定能有條不紊地管理著自己的身體，做到身材勻稱而又健康，精力充沛，富有活力。

二、人的顏值從哪裡來

個人形象在構成上主要包括六個方面，它們亦稱個人形象六要素，主要包含儀容、表情、舉止動作、服飾、談吐、待人接物等六個方面。

1. 儀容

指的就是我們的外觀，是構成形象最外在的部分，包括容貌、膚色、形體等。在人際交往中，每個人的儀容都會引起交往對象的特別關注，並將影響到對方對自己的整體評價。

相關研究顯示，我們在評價一個人外貌吸引力時，更加強調的是整體印象，除了長相以外，你的體態也會為顏值加分。

▌2. 表情

是人面部的動態形象，可以傳達人的思想，可以說是人的第二語言。卡內基先生說：「一個人的面部表情親切、溫和、充滿喜氣，遠比他穿著一套上等、華麗的衣服更吸引人注意，也更容易受人歡迎。」好的表情是有魅力的，可使面部看起來容光煥發，此時無聲勝有聲。

研究顯示，當同一個人表情不同時，顏值也會有顯著不同：高興最美，中性次之，生氣、害怕不好看，難過吸引力最低。所以，在你想給別人展示自己最美的一面時，開心一笑就可以了。當你微笑的時候，你的愉悅就會傳達給他人，他人會對你更友好，你也變得更美麗。

▌3. 舉止動作

在個人形象構成中也很重要，是文化修養的一種展現。在與人交往中，行為舉止要有風度，優雅規範。

古人講究「站有站相，坐有坐相，吃有吃相」，認為「立如松，坐如鐘，臥如弓，行如風」是美的姿態，現在仍不過時。手不要亂放，腳不要亂踢，腿不要亂抖。優雅的舉止，實際上是在充滿自信、有文化內涵基礎上的一種習慣性動作。尤其是身為職場人士，在大庭廣眾之前，穿上職業裝，不僅代表個人，還代表著集體的形象。

■ 4. 服飾

與人的整體形象不可分割，也是一個人教養與閱歷的最好表現。有道是「人靠衣服馬靠鞍」，著裝在職場上尤其重要，一個人能力再強，如果衣著不得體，也不易給人留下好印象。

法國時裝設計師香奈兒（Coco Chanel）說：「當你穿得邋邋遢遢時，人們注意的是你的衣服；當你的穿著無懈可擊時，人們注意的是你。」

服飾第一要義是得體，如同選戲裝一樣，要適合你的身分，適合你的職業定位，適合你的身分地位，適合當時的活動場景，依實際情況變化做出相應的改變。其次要把不同的服裝搭配在一起，給人和諧的整體美感。再次是做到乾淨整潔。

前人大會議新聞發言人傅瑩說，參加隆重的禮賓活動盡量穿中式衣著，出席開幕式，選擇有文化元素的服飾；工作場合，盡量穿西裝套裝。「2013 年我第一次做發布會時，選擇了一套淺灰色西服套裝，顯得低調而莊重」，踩點時發現衣服顏色與背景牆上的大理石太接近，後來改成藍寶色上衣和黑色裙子。

■ 5. 談吐

就是語言，一個好的談吐會給人一個好的印象。將心裡想說的話得體地表達出來，讓人如沐春風，是一門硬功夫。

適時使用「您好、請、謝謝、對不起、再見」等禮貌服務用語，杜絕使用粗話、髒話、狂話、敷衍話、嘲諷話等不文明語

言。談話時態度誠懇、自然大方、和氣親切，表達清晰得體，精力集中，正視對方，耐心聽取對方談話，不要輕易打斷對話話頭。

■ 6. 待人接物

是指與他人相處時的表現，亦即為人處世的態度，影響著他人今後要不要繼續與你交往。要努力做到孔子說的「恭寬信敏惠」。

—— 「恭」，就是予人恭敬。孔子說：恭則不侮。一個人對他人恭敬的時候，你是不會招致羞辱的，沒有人來侮辱自己。

曾國藩說：「天下古今之才人，皆以一傲字致敗。」人就是這樣，平靜地過日子還好，一旦擁有了財富、自由、地位、名譽、關係等，有些人就會變得驕橫跋扈、目空一切，「上帝欲讓其滅亡，必先讓其瘋狂」，結局往往不會有好下場。

—— 「寬」，就是包容他人、天寬地寬。對他人包容了，其實自己也天寬地寬了。所以恭敬而達到寬容。這是一種內心自然的成長。孔子說，寬就能夠得眾，就可以有眾人對自己的一種信賴，就可以擁有最多元的朋友。

—— 「信」，就是言必行，行必果。不管做什麼事情，都要言而有信，答應別人的事一定要做到，不可放別人鴿子，否則就是失信於人。一個人信譽的累積是一個點滴累積的過程，不是一日之功，但一個人信譽的崩潰卻可能因為一件事，而前

功盡棄，人設崩塌。

　　——「敏」，就是活在當下，做好當前。曾國藩有個16字的座右銘：

　　「物來順應，未來不迎，當時不雜，既過不戀」。當下是最要緊的，其他都是浮雲。做好當下，即是未來。吃飯時好好吃飯，睡覺時安心睡覺，工作時認真工作，把當下事情做好了，就會有好的未來。你未來的樣子，就隱藏在今天的努力中。所以孔子說，一個人敏，就可以有功。

　　——「惠」，就是以恩惠之心，寬厚他人。人類需要每個人在必要的時候都能成為別人的天使。稻盛和夫先生說：「什麼時候人的內心會充滿深切、純淨、極致的幸福感呢？絕不是私利私慾獲得滿足的那一刻，而是利他行為開花結果的時刻。」懷有這樣一種恩惠之心，然後去寬厚他人。惠則足以使人。一個能夠有恩惠之心的人，可以讓所有人從中獲得自己應有的名分和利益，「雨露均霑」才能夠領導他人。

三、微笑是最好的社交禮儀

　　當一個人微笑時，世界便會愛上他。

　　　　　　　　　　　　　　——印度近代著名詩人　泰戈爾

　　有位世界名模說：「女人出門時若忘了化妝，最好的補救方法便是亮出你的微笑。」微笑是最美的化妝品，是世界通用的語

言，是最好的社交禮儀，也是讓人產生積極愉悅、最能給人好感而且極富感染力的情緒，就像是寒冬裡的一抹暖陽，夏日裡的一股清流，溫暖人的心窩，細潤人的心田。我們要不吝惜自己的笑容，把微笑當成一種習慣。今天，你微笑了嗎？你會微笑嗎？

我們平時常說，愛笑的女孩子命運不會太差。其實，不僅是女孩子，愛笑的人，不論是男人還是女人，老人還是年輕人，誰笑得燦爛，笑得真誠，誰就更健康，容易得到更多的機會，取得更好的成績，獲得更高的收入。

科學家發現，人類每笑一聲，從面部到腹部就約有 80 塊肌肉參與運動。笑 100 次對心臟的血液循環和肺功能的鍛鍊相當於划船 10 分鐘的運動效果。遺憾的是，成年人笑點太高，每天平均只笑 15 次，比未成年人少很多。

員工幸福感超強的美國西南航空公司，多年來雄居《財富》雜誌評選的最受尊敬的公司榜單。該公司刻意地聘用那些願意帶著微笑從事服務業的人們，力求營造快樂友愛的企業文化。他們認為，能力可以培訓，態度很難培訓。性情快樂的員工會將其正面的影響傳播給顧客。

7.1.3　管理好自己的頭腦

　　大非易辨，似是之非難辨。竊謂居高位者，以知人、曉事二者為職。

── 晚清名臣　曾國藩

　　吃喝嫖賭抽、坑蒙拐騙偷這種大是大非是容易辨別的，但是似是而非或似非而是的事就不容易判斷了。管理者最重要的是知人曉事，具有看見別人所看不見的能力。

一、三歲看大，七歲看老，易眼觀天人

　　借我借我一雙慧眼吧，讓我把這紛擾，看個清清楚楚明明白白真真切切。

──《霧裡看花》歌詞

　　常言道：「畫龍畫虎難畫骨，知人知面不知心。」與電影裡的人物不同，真實社會裡的壞人不會把「壞人」寫在臉上，邪惡也總是裝扮成正義的模樣。了解人的表面很容易，但知人是非常難的一件事，因為人心隔肚皮。

　　比如，一個人在基層做得很出色，要把他提拔到重要職位擔當重任，你怎麼知道這個人是否可以勝任新職位，手握重權之後，會不會耍小手段？有一天你「人走茶涼」之後，這個人是否會過河拆橋？

　　一個平時老實謹慎的人，你怎麼知道在危急時刻，這個人

還依然可靠厚道？是否可以做到關鍵時刻聽指揮、拉得出，危急關頭衝得上、打得贏？

……

三歲看大，七歲看老。識人是一種能力，需要眼觀六路，耳聽八方。人在社會上混久了，只要眼界夠高，閱歷夠豐富，往往就能練出一雙頗為毒辣的眼睛：可以快速地「精準畫像」，分辨出誰是工作上的夥伴，誰是事業上的對手；誰是華而不實的虛假小人，誰是樸實無華的實在人；誰是交往中的過客可以略過，誰是生命中的貴人不要錯過。日常工作生活中識人的實用工具和方法有：

▌1. 大道至簡，永遠不要忽略常識的力量。

「知常日明，不知常，妄作凶」。這個貌似複雜的世界，其實是由一些極簡的底層邏輯決定的。這個世界上最有效的辦法就是平平常常的大道理，最有價值的談話就是幾句老生常談，最恆久不變的規律就是人性。掌握了這些底層邏輯，就可以不變應萬變，用一些簡單的規則來解釋這個大千世界裡絕大多數看似繁紛複雜的現象。法國思想家伏爾泰（Voltaire）說，「普通常識並不是那麼普通」。

有一種見怪不怪的現象叫「巴菲特午餐」：按照正常的邏輯，如果有人請我們吃頓好的，我們會「吃人家的嘴短，拿人家的手軟」，感覺欠了對方一個人情似的。但是，如果有人想請巴菲

特吃頓飯，這種邏輯就完全行不通了，飯錢不能 AA 制不說，還要支付幾十萬、甚至上百萬美元的午餐費，而且排隊還請不上呢。

與巴菲特共進午餐的機會，也給予了一位叫黃崢的年輕人。如今，他創辦了一家估值 300 多億美元的獨角獸拼多多，並用 3 年時間帶領上市。黃崢在接受採訪時表示，「巴菲特讓我意識到簡單和常識的力量」。

▋ 2. 利用一些理論工具模型和方法論。

恩格斯深刻地指出：「一個民族要想站在科學的最高峰，就一刻也不能沒有理論思維。」藉助一些工具模型和方法論，可以提升一個人識人的水準和能力。

比如，諸葛亮在《知人》一文中闡述了識人用人「七觀法」：問之以是非而觀其志，窮之以辭辯而觀其變，諮之以計謀而觀其識，告之以難而觀其勇，醉之以酒而觀其性，臨之以利而觀其廉，期之以事而觀其信。

▋ 3. 從其他線索中得到的部分線索。

孤證不足為憑。有時透過一個線索不能充分證明問題，要順藤摸瓜，想方設法從其他線索中進一步得到求證。既要看一個人在公眾面前的形象，還要觀察他對待領導、下屬、親人、朋友，以及地位明顯不如他、無利益相關的陌生人的態度。

如果一個人臥室乾淨整齊，可以繼續觀察她的衣服、化妝品、鞋子、包包等是否有固定位置，不然可能只是表面的整齊。還記得軍訓時的場景嗎？教官到宿舍檢查內務時，在看到被子已經達到豆腐塊的標準後，往往不會直接打滿分，而是會檢視床下，看一下鞋子、洗臉盆等擺放是否也整整齊齊，甚至抬手摸一下門框高處是否有灰塵。這些都達標後，才認定內務標準為優秀。

▌ 4. 利用看似無關的線索。

巴爾札克（Honore Balzac）有句名言：「看你手杖的姿勢，就知道你是個什麼樣的人。」

手杖姿勢與人物性格表面上看有些不相關，但利用一些看似無關的線索，也有助於我們做出正確的判斷。

有些公司的 HR 在面試行銷主管時，往往問及男生的戀愛情況，如果面試男生實話實說，自己在大學時一直沒有談過戀愛，就有可能被直接 PASS，理由是沒談過戀愛的男生不適合做行銷，做行銷需要善於與各色人等打交道。

▌ 5. 從細微差異中發現重要線索。

曾國藩說：「明有二端：人見其近，吾見其遠，日高明；人見其粗，吾見其細，日精明。」一些細微的差異中往往隱藏著重大線索，甚至比白紙黑字更能說明問題。

老舍在《駱駝祥子》有句十分精彩的描述，「人間真話本不多，一個女人的臉紅勝過一大段告白」，這是因為語言是可以粉飾的，身體卻是誠實的，臉紅不會撒謊，是真情的自然流露。

■ 6. 聽其言，觀其行，分析其論證過程。

情感專家塗磊說：「如果你想要找到一個真正愛你的人，千萬不要聽他說了什麼，要看他做了什麼，千萬別看他在眾人面前做了什麼，而要看他無意之中做了什麼。因為生活是過出來的，不是說出來的。日子是兩個人關起門過的，而不是演給大家看的。」最能夠展現內心的不是語言，而是行為。看問題，不但要看他給出的結論，更要看其論證過程。

判斷一個人是不是某個方面的高手，不能看他說了什麼，有多少獎牌證書，可以問他問題。你問一個點，他回答一個面，你再順著這個面追問，他如果能回答一張網，而且他答案中的知識和你確信掌握的相吻合，那基本就可以判定他是這行的高手了。

■ 7. 不要向利益相關方打聽重要資訊，對利益相關方提供的資訊予以剔除。

韓非子說：「輿人成輿，則欲人之富貴；匠人成棺，則欲人之夭死也。非輿人仁而匠人賊也。人不貴，則輿不售；人不死，則棺不買，情非憎人也，利在人之死也。」觸動人的利益比觸動人的靈魂還難。當一個人與資訊標的存在利益交換或輸送時，

就很難站在第三方立場上，講客觀公正、不偏不倚的話。

如果你到菜市場買菜，在一個西瓜攤前問攤主，「老闆，這西瓜甜嗎？」。老王賣瓜，自賣自誇。不管攤主是老王，還是老李，得到的回答基本都是肯定的，「不甜不要錢，又甜又沙，不甜保退」。但是，回到家開啟西瓜之後，你才會發現並不像攤主說得那麼好。

■ 8. 警惕戴著有色眼鏡看人，莫被表象迷住了雙眼。

要知道，大肚子裡不一定是智慧，還有可能是草包。頂尖大學畢業的蟲不一定都能成為社會的龍，普通大學傑出人士生往往比頂尖大學的劣等生更優秀，在二流的大學發掘一流的人才往往更好用。

二、透過現象看事情的本質，莫被表象矇蔽了雙眼

使人大迷惑者，必物之相似者也。玉人之所患，患石之似玉者；相劍者之所患，患劍之似吳干者；賢主之所患，患人之博聞辯言而似通者。亡國之主似智，亡國之臣似忠。相似之物，此愚者之所大惑，聖人之所加慮也。

—— 《呂氏春秋》

毋庸置疑，花半秒鐘能看透事物本質、可以預見未來的人，與糊裡糊塗、得過且過、花一輩子都看不清事物本質的人，注定是有著截然不同的命運。那麼，如何快速地透過現象看清事情的本質呢？

1. 培養科學思維的方法，
讓自己變得聰明一些，提高辨別陰謀論的能力。

我們要想不受人惑，不受人騙，最重要的就是把我們的頭腦變得聰明一些，一眼就能識穿騙子的陰謀詭計，這樣自然就能減少別人騙我們的機率。

要提高我們辨別陰謀論的能力，最主要的方法還是接受完整的科學教育，特別是培養科學思維的方法。這種科學思維包括邏輯分析、辯證思維、換位思考，最主要的就是要有證據、證明和證偽的科學態度，當一個看起來無論多麼合情合理的解釋擺在我們面前時，科學的態度首先就是要看是否有證據、是否符合邏輯、有沒有辦法能夠驗證對錯 —— 而不是本能地接受、相信和傳播它。

2. 懂得聰明地對待新的資訊來源。

在如今這樣一個資訊爆炸的時代，我們需要對所接觸的資訊進行迅速處理，區分出哪些資訊是可靠的，哪些是不可靠的。

要做到這一步，你必須先養成習慣，盡可能地蒐集資訊，習慣運用你的心智去思考真相可能隱藏在哪裡。許多人會盲目地相信別人告訴他的話。假如你真的想成功，千萬千萬不能隨意聽信別人的話。親自檢視每一件事，用你的眼睛驗證每一件事。

3. 善於從反常事件中發現問題。

「事出反常必有妖，人若反常必有刀。」做人做事如果與正常情況很不一致，那麼，這背後就很可能隱藏了不可告人的目的。

4. 善於從一些不起眼的事情中發現不尋常的線索。

由於人的精力是有限的，我們不可能為了找到真王的王子，親吻所有的青蛙。一滴水也可以反映出太陽的光輝，一個細微地方也可以折射出整體的風貌。一部長篇小說好不好看，善於看書的人往往不必讀完，一般看第一章就夠了；一瓶紅酒好不好喝，善於品酒的人，不用一飲而盡，稍抿一小口就夠了，甚至還能品出釀酒用的葡萄來自哪裡和酒的生產地。

5. 大數據給我們送來了一雙「慧眼」。

著名華人歷史學家黃仁宇說：「過去中國的落後，根源之一就是缺乏以數據為基礎的精確管理；而未來中國的進步，也有賴於建立這種精確的管理體系」。

未來已來。在大數據時代，除了上帝，任何人都必須用數據來說話，數據是加強管理、進行創新、認清形勢、把握規律、幫助決策的必要手段。比如，公司可以用大數據這個「望遠鏡」預知未來，用大數據這個「探測儀」

明察秋毫，用大數據這個「核磁共振」透過現象看本質，用大數據這個「聚金器」把散落的「金子」聚集起來，用大數據這個「瞄準鏡」精準發現客戶，從而促進企業經營發展。

■ 6. 大道至簡，有些底層的邏輯可以放之四海而皆準。

我們往往有一種傾向，就是將事物考慮得過於複雜。但是，事物的本質其實極為單純。乍看很複雜的事物，不過是若干簡單事物的組合。人類的遺傳基因，由多達 30 億個核酸序列構成，但是表達基因的密碼種類僅有 4 個。

把事情看得越單純，就越接近真實，也越接近真理。

一次，全家一起吃飯時，兒子突然丟擲了一個問題，為鼓勵大家搶答，還特別說猜對了有獎品，「請問，天安門城樓朝哪個方向？」

大家一下懵了，一下想不起這個貌似簡單的問題答案是什麼。

這時，大家把眼光瞄向了我，因為我前後在北京生活了近 4 年時間，還數十次步行走過天安門廣場。可是，我在北京是沒有方向感的，只知道左右上下，不知道東西南北。

正在我思考問題的答案時，77 歲的母親說，「應該朝南吧！」

兒子很高興地說道，「恭喜你，奶奶，你答對了！」

我卻困惑了，母親從沒有讀過書，連自己的名字都不會寫，就疑惑地問道：「娘，您怎麼知道答案的呢？」

老太太的邏輯很簡單，她說：「農村蓋房正房都是朝南的，天安門作為國家的象徵，肯定是正屋，所以一定朝南。」

▌ 7. 走出去，才能看到更美的風景。

哲學家奧古斯丁（Augustinus）有一句話說得好：「世界是一本書，未曾遊歷過的人，僅停留在書中的一頁。」日復一日地待在一個城市裡，時間久了，你的視野會越來越窄，會以為這是世界的中心；年復一年待在一個公司裡，時間久了，你的思想會越來越封閉，一不小心就被鎖進自己建構的「資訊繭房」。

我們現在很多人都強調「三觀正」，而作為三觀之一的世界觀，實際上大多數人都不曾擁有。網路上有一句話說得很扎心：「你都沒有去全世界看過，哪來什麼世界觀？」

因此，我們要趁大好年華，跳出家鄉看家鄉，跳出公司看公司，跳出行業看行業，才能看到更好的風景。想得再好，如果不去實地看一下，就等於沒有到過，這讓我想起法國總統席哈克（Jacques Chirac）參觀兵馬俑之後說的一句話：「不看金字塔，不算真正到過埃及。不看兵馬俑，不算真正到過中國。」

如果時間比較充裕的話，最好是用腳步去丈量每一寸土地，用舌尖去品味風味小吃，面對面與原住民交流溝通，細細品味這個城市的文化底蘊、現代氣息，慢慢體會這個城市的生活氣息、風土人情，只有這樣，才算真正來過這個城市。

▌ 8.不要讓身分限制自己的想像力，給思想一片飛翔的天空。

我們平常說，貧窮會限制人的想像力，這個不難理解，一個最遠只去過所在鄉鎮的山村居民，無法想像北京長安街的寬闊敞

亮、雄偉壯觀，也無法想像上海外灘的繁華似錦、車水馬龍。

著名作家劉震雲在一次演講時，形象地描述了他剛從河南延津縣進入北京大學學習時的一件糗事：他看到班上北京籍的女生在課餘咀嚼什麼，像是老家牲口的反芻，大為不解，問同宿舍的北京哥們，才知道那是口香糖。

有些底層社會的孩子之所以沉迷於手機和電腦的虛擬世界裡，一個很重要的因為他們根本不知道外面的世界很精彩，不知道豪華度假酒店的舒適，不知道專心致志做一件事的快樂，也不知道徜徉書海的愜意，所以只能在小小的電子螢幕上去尋找寄託。

未來社會發展需要「上與君王同坐，下與乞丐同行」，知人間疾苦，具有廣闊視野，又見過世面的人。我們不論貧窮還是富裕，都不要自我封閉，讓身分限制自己的想像力。「美國新勞動力技能委員會」提出的 21 世紀人才的四大技能也將了解整個世界列為首要技能，並指出，如今的孩子都是全球化的公民，無論他們是否意識到這點，他們長大後都必須沿著這條軌道前進。

三、走一步，看三步，想五步

一個民族有一些關注天空的人，他們才有希望；一個民族只是關心腳下的事情，那是沒有未來的。

—— 德國哲學家　黑格爾（Georg Hegel）

李鴻章當年對世界的認識提出了一個主張，「中國遇到了數千年未有之強敵，中國處在三千年未有之大變局」。

相比於一百多年前的中國，現在的變化之快有過之而無不及，可以說瞬息萬變，眼花撩亂，「洞中方一日，世上已千年」。身處新時代的你我都深刻感知到，我們已經走入了快速變化（Volatility）、不可預測（Unpredictability）、複雜曲折（Complexity）且模糊晦澀（Ambiguity）的 VUCA 時代。

變化的不確定性和不連續性，讓預測未來將變得更加困難，甚至連明天的事都難以預測。一個小的公司如此，一個國家的發展更是撲朔迷離。然而，總有一小部分有智慧的人，走一步、看三步、想五步，他們的眼光可以穿透迷霧，不但能夠看到明天的事，想到後天的事，預判明年的事，甚至還可以規劃幾十年後的事。

未來是可以看見的！面對複雜的環境，需要我們「夜觀天象，掐指一算」，站在較遠的地方去看，站在更高的地方去看，以更大的格局，更遠的視野，在不確定性中尋找確定性，在不連續中尋找連續性。

亞馬遜公司創始人兼 CEO 貝佐斯（Jeffrey Bezos）認為：「如果你做的每一件事把眼光放到未來三年，和你同臺競爭的人很多，但是如果你的目光能放到未來七年，那麼可以和你競爭的就很少了。因為很少有公司願意做那麼長遠的打算。」

他曾在一次演講中說：經常有人問我「未來十年，將會發生什麼變化？」。但從未有人問我「未來十年不變的是什麼？」其實第二個問題才是最重要的 —— 你應該把策略建立在不變的事物之上……

在零售行業，顧客永遠不變的需求是更低的價格、更多的選擇、更快速的送貨。亞馬遜公司幾乎把所有的資源都投入在這三個不變的事物上，為此不惜無視投資者的壓力，忍受常年的鉅額虧損。但傑夫・貝佐斯對零售業本質的偏執，讓亞馬遜成為今天全球零售業的王者。

7.1.4　管理好自己的語言

夫君子愛口，孔雀愛羽，虎豹愛爪，此皆所以治身法也。

—— 西漢文學家　劉向

聚財靠耳目，處事全靠嘴。你說出的話裡，藏著你的情商和學識，含著你的運氣和風水。光心裡有想法是不夠的，一定要得體地表達出來，讓人如沐春風。有思想而不會表達的人，等於沒有思想。

一、「內容為王」是永恆的主題

文所以載道也。輪轅飾而人弗庸，徒飾也，況虛車乎。

—— 周敦頤

在新媒體時代，有些人想當然地認為，平臺覆蓋越廣，平臺流量越大，傳播效果就越好。然而事實證明，如果沒有高品質的內容支撐，渠道和流量都將難以維持。不論任何時代，「內容為王」都是永恆的主題。最重要的不是做 PPT 的技巧，不是詩一般優雅的語言，而是能夠把事情說清楚，傳播有價值的思想。

■ 1. 講自己親身經歷的故事。

陳寅恪說：「前人講過的，我不講；近人講過的，我不講；外國人講過的，我不講；我自己過去講過的，也不講。現在只講未曾有人講過的。」要避免落於俗套，就得講未曾有人講過的，最好的捷徑莫過於講自己親身經歷的事，親自聽到的故事。

莫言曾披露了創作《紅高粱》的心路歷程：1983 年春節，莫言回老家山東高密探親訪友，與舊時的工友張世家喝酒。張世家否定了莫言此前的軍事文學創作，「根本就不行」，並質問莫言：「我們高密東北鄉有這麼多素材，你為什麼不寫，偏要去寫那些你不熟悉的事？什麼海島，什麼湖泊，你到過嗎？」後來，莫言專注自己的故事，才有了《紅高粱家族》的問世，繼而才有張藝謀導演的那部好看的電影《紅高粱》。

■ 2. 真佛只說家常話，表達貴在簡約。

大道至簡，道不遠人。任何複雜的理論都可以用簡單樸實的語言表達出來。大科學家愛因斯坦說：「如果你不能簡單說清

楚，就是你還沒有完全弄明白。」

費格斯‧奧康奈爾（Fergus O'Connell）提出「極簡主義」，其精髓就是 Less is more，少即是多，越是簡單，越有力度。表達最可貴的地方不在於表達得多深奧，讓人敬而遠之，而是把複雜的問題、深奧的道理，用簡約的語言，貼近生活的方式，深入淺出地表達出來，揭示恆久的本質，說出深刻的道理，讓人一聽就明白，這才是有效表達的最高境界。王石有個觀點認為，一句話能說清楚的公司才是好公司。

當然，簡約不是隨便，也不是湊活，而是超越複雜後的簡單。「越是簡單，越顯功底」。一篇文稿，往往字數越少，越是難寫，越需要認真準備，因為必須用少量的字數表達同樣的資訊量。英國前首相邱吉爾（Winston Churchill）說：「如果讓我說 2 分鐘，我需要 3 週的時間準備；如果你讓我說 30 分鐘，我需要 1 週時間準備；如果你讓我說 1 小時，我現在就準備好了。」

▉ 3. 文字要乾淨，言刪其無用。

字數不一定多，或者囉哩囉嗦地說個沒完。寫得太多，說得太嘮叨，是對大家時間的一種浪費，而且效果也越差，不僅讓人記不住，還會增加反感。

因此，對多餘或者可有可無的字，要果斷刪除，努力做到「少一個字不行，多一個字也不行」。

我們去商店逛街時，也會有這樣的體會：促使你由心動到

決定購買的關鍵因素，通常不是店員滔滔不絕的推銷話術，有的沒的講個沒完；不是店員低三下四的促銷手段，笑臉相迎送來的小禮品；而是店員不卑不亢，在恰當時候說上一兩句關鍵的話，正好觸動你的心弦，心甘情願地掏出錢包買單。

二、演講 —— 每個人一生的修煉

在人類各種天賦才華中，沒有比演說這一項更為寶貴的了，一個人如能妥為掌握，他手執的權力就將比一位君主的更為穩固持久。

—— 英國前首相　邱吉爾

演講是表達思想的一種方式，也是人與人交流的重要利器。良好的演講口才是生存發展的一項必備技能，是每個人一生的修煉，尤其是在人生進階的道路上，也是一種非暴力征服術，加速成功的有利武器。需要演講的場合很多，可以說，無處不在，無時不有，逃也逃不離。

1. 要勇於打破演講恐懼的惡性循環，隨時做好基礎性準備工作。

演講恐懼不是你一個人的事，而是人類共同的事，誰上臺誰緊張。這是因為走上公共舞臺時，成百上千雙眼睛盯著你，如果說錯了話，會將你的錯誤成倍、甚至幾十倍、上百倍放大，讓你感覺很沒有面子。

當然，緊張也不一定是壞事，適度緊張對演講是必要且有

益的，一點不緊張反而不是好事。馬未都說，「我們當演員，最怕的就是上臺沒有緊張感。有點緊張是好事，適度緊張是最好的狀態。」

要學好演講，就要打破演講恐懼的惡性循環，做一個有心人，隨時終生做好演講的基礎準備工作。

- 良好的語言表達能力：做到吐字清晰、語速適中、音量適中、抑揚頓挫、感染力。要聽得清、聽得懂、聲音動聽。
- 良好的人格魅力：真誠、自信、大方、坦誠、親切、謙和是你的形象特徵，尊重、平等、包容、接納、多元是你的人格特質。
- 科學、足夠的專業知識：社會學、心理學、哲學、美學，以及相關專業知識，讓你厚積薄發，口吐蓮花。

2. 重視自己的每一次出場，提前做好精心的準備。

你是不是和我一樣，曾經有過類似的經歷？當要面對很多人發表觀點時，當在會議上彙報工作時……明明感覺已經準備得差不多了，結果一開口就犯了輸出尷尬症，關鍵時刻出差錯：要麼語言不流暢，說話不俐落，卡住、吞字、吐字不清；要麼思緒亂飛，想說的很多，結果發現說來說去，連自己都不知道想說些什麼，邏輯極不清晰；更尷尬的是突然矇住，大腦一片空白……

一次，幾個朋友和一個演講高手聚餐。席間，我不失時機向這位大咖請教演講的訣竅，如何克服輸出尷尬症，像他那樣

在講臺上那麼帥。

本以為他會傳授一些獨門祕笈。因為，現場聽過他的一次演講，他在講臺上的樣子真的很帥！一上臺就能迅速控住場，吸引觀眾。整個演講過程，滔滔不絕，行雲流水，讓大家如痴如醉，忘乎所以，一次都沒有看手機。

孰知，他說，其實也沒啥技巧。關鍵是重視自己的每一次出場，提前做好充分的準備。連美國前總統林肯都說：「即使是再有實力的人，如果沒有精心的準備，也無法說出有系統、高水準的話來。」

如果非要說技巧，那就是扎扎實實寫好「逐字稿」，這的確是一條屢試不爽的真理，放之四海皆準的「萬能公式」。簡單說，就是在做一場分享之前，把想說的每一句話，要一字不落地寫下來，甚至看似不經意的細節，包括哪裡要講笑話，哪裡要鋪梗，哪裡有肢體動作等。這樣，才能保證發揮的穩定性，做到臨變不亂、百戰不殆。

三、大幕拉起之前，演出早已開始

決勝於刀鞘之內。

—— 日本戰國末期著名劍術家　宮本武藏

臺上一分鐘，臺下十年功。要取得演講成功，靠的不是臨陣發揮，關鍵是未雨綢繆，提前精心做好相關準備工作。

■ 1. 根據場景確定演講主題。

演講要成功，就必須適人、適時、適情，具體問題具體分析，一把鑰匙開一把鎖，「我們不能用管理火車站的辦法來管機場，不能用昨天的辦法來管未來」，而是要學習蘇格拉底的智慧，「和木匠講話要用木匠的語言」。

按照演講者與閱聽人的視角定位，可以將演講分為三類：一是俯視演講，屬於居高臨下、傳經布道那種。比如網紅面對粉絲演講，口若懸河，揮灑自如。二是平視演講，以平等者的視角分享想法，實現與閱聽人共同成長。三是仰視演講，觀眾級別更高、更專業，帶有彙報、答辯性質的演講。比如學生參加畢業論文報告，員工在公司應聘考試。

俯視演講、平視演講、仰視演講的定位不能混淆，更不能錯位。專案管理專家丁榮貴教授認為，「閻王好見，小鬼難纏」是專案溝通中常見的問題，其原因在於閻王和小鬼的需求不一致，對「閻王」可以談一個組織的價值需求，而對「小鬼」則需要讓他們認可專案對其個人的利弊。有時人們受挫的原因就在於把本該對「閻王」說的話給「小鬼」說了，比如說這個專案為企業帶來效益多少等等，這是「閻王」關心的問題，而「小鬼」關心的是自己的個人收入增加了多少，自己的事情減少了多少。如果一個專案只為企業增加收入，但給自己增加了不少麻煩，他們反對是自然的事。

▌ 2. 扎扎實實寫好「逐字稿」。

首先，好的文字表達首先要有觀點和主題，這是文稿的根基。韓非子講，「一家二貴，事乃無功。夫妻持政，子無適從。」要弄清楚演講意圖和聽眾意願，聚焦一個主題，只說與這個主題有關的事情，與主題無關的內容，哪怕再精彩，也要毫不猶豫地刪除，不能挑選到籃子裡的都是菜，芝麻綠豆都往裡塞。

其次，列提綱。演講的邏輯結構十分重要，不僅你自己覺得順，還要讓聽眾也可接受，這將決定你的演講聽起來是否有條理，是否能讓聽眾容易理解前後的關係。有的演講者專業水準很高，使用的邏輯表達高深複雜，可能自己覺得很直白，但聽眾卻聽得一頭霧水。邏輯結構如果不清晰的話，文章想改都不知道從何處下手。

再次，對照提綱，寫逐字稿。要有觀眾意識，想像自己正在給一群人講課，要站在觀眾的視角上，換位思考，講他們想知道的事，而不是你想說的事。然後，對照提綱，一句一句寫下來，包括穿插的笑話、段子，甚至什麼時候講，要停頓幾秒，用什麼手勢，都要提前寫好。

最後，對逐字稿進行反覆修改打磨。海明威（Ernest Hemingway）說：「任何一篇初稿都是臭狗屎。」好文章一定是改出來的，要學習古人的精神，下笨功夫，「吟安一個字，捻斷數莖須」。在決定內容的取捨時，有一個簡單有效的方法，想像面前

有一個對你要講的內容一點不懂的人，你的目的就是要讓他聽完後好奇激動，有興趣，這樣演講就是成功的；否則對方無動於衷，那麼講得再起勁，也是一廂情願。

▌3. 設計好「燃」點，控制好演講的節奏。

現在有一個衡量演講成功與否的晴雨表指標叫摸機率。一場演講，聽眾忍不住摸幾次手機？次數越多，演講效果越差；好的演講是「全程不摸機」，講得太好了，大家把滑手機的事給忘了。要做到這點，既要在內容上有精華，還要生動幽默平易近人，設計好起點、痛點、笑點、亮點、熱點、互動點等「燃」點。

　　—— 設計好的起點。好的起點是成功的一半。大數據顯示，2015 年人的平均注意力時間是 8.25 秒，2017 年只有 5 秒。尤其是青年粉絲，他們更關心自身體驗，注意力更容易分散。

因此，如何根據時代特點和場景要求，快速吸引觀眾的注意力，這是演講成功的關鍵所在。演講的開頭是吸引觀眾注意力，丟擲自己觀點的絕佳時機。成功的開頭可以開門見山直入主題，或以當前正在發生的新聞事件或與聽眾有共同經歷的事情為導引，也可以前面主持人或演講人引人發笑或深思的一句話作為楔子，讓聽眾對你的演講產生好奇。

　　—— 適度焦慮的痛點。演講過程中，可以提出一個大家關心或者感興趣的問題，並且展開問題的具體性或嚴重性，讓聽

眾感到適度焦慮，然後給出解決方案。這樣的演講結構往往更能抓住聽眾的眼球，跟著你的思路走。

—— 讓人快樂的笑點。培根說：「善談者必善幽默。」幽默往往是自信的表現，能力的昇華。在演講過程中，如果加上一些笑點，可以活躍氣氛、避免沉悶，拉近距離、吸引觀眾，做到生動有趣幽默，不學術、直白，有深度、有情懷。好的演講者常常也是讓人忍俊不禁的「段子手」。

—— 讓人受到啟發的亮點。演講的亮點所在就是有啟發。很多思想很快被忘掉，只有啟發能抓住他們。可以藉助聲音、身體和道具等，搶奪觀眾注意力。

· 聲音：就是聲音要賦予變化，要避免平鋪直敘。最常用的三個技巧是重音、停頓和語調。要注意區分重點，做到抑揚頓挫：哪些是不緊不慢說出來的，哪些是大聲喊出來的，哪些是需要停頓一下的……

· 沉默：有理不在聲高，情到深處不一定用喊。恰到好處的沉默是超越語言力量的高超傳播方式，往往比怒吼更有力量，此時無聲勝有聲。

· 身體：表情和肢體語言自然、看起來舒服就好。應該與演講內容同步，是有意識的，而不是慌張、無意識的。

· 道具：是吸引注意力的一個利器。恰如其分地使用道具，可以起畫龍點睛的作用。

—— 不虛此行的知識點。演講者應當具備「聽眾意識」，分享一些真正的內容，做到言之有理、言之有據、言之有物、言之有度，讓聽眾有所收穫，不虛此行。

—— 與聽眾交流的互動點。北京大學陳春花教授說：「好教學是師生互為主體的雙人舞，不是獨角戲。」好的演講也是與聽眾互動的雙人舞。透過設計與聽眾交流的互動點，可以掌握聽眾的基本情況、專業水準、興趣愛好等，靈活調整演講內容，量體裁衣，更具有針對性；可以引導觀眾思考，讓他們一步步登堂入室，給出你想讓他們說出的答案；還可以藉機調整一下演講的節奏，減輕自己的壓力。

—— 引發高潮的爆點。演講的爆點，大概就類似小品、相聲中的梗。

如果能在適當的位置甩出幾個好的包袱，就能給聽眾更強烈的刺激，留下深刻的印象。

—— 把控演講的時間點。掌握節奏和進度，在規定時間內完成演講，做到守時，是一個演講者的基本功。正式的演講一般都簡短明瞭，正如被譽為「最偉大的演說家」的隆納・雷根（Ronald Reagan）所說，「所有演講都不應該超過 20 分鐘」，20 分鐘是一般閱聽人能夠承受的最大時長。即使沒有明確的時間限制，也要做到「閒言碎語不要講」，不要沒話找話，占用大家寶貴的時間資源。

—— 靈活應對演講中的突發點。遇到任何突發事件，你都要保持清醒的頭腦。當突發事件發生時，你可能會感到尷尬，這在所難免，沒有關係，最重要的是要迅速冷靜下來，再做應變處理。凡事要切記向前而不是向後，所謂向前就是不管發生什麼，要勇於面對問題，處理問題，而不是遇到問題就恐懼退縮，心慌意亂，不知所措。

北京大學陳春花教授在一次演講時，曾分享了她在一次講座時遭遇停電的經歷，博得了大家的熱烈鼓掌：有一次，陳教授去一個 500 人的會場演講，突然停電了，所有人都非常緊張，怎麼辦？

陳教授稍微頓了一下，讓大家思考幾秒鐘，接著說出了自己當時的心路歷程和應對處理方法：「我在講臺上，話筒沒有聲音，光全部沒有，螢幕也不亮，一瞬間全黑。但是我沒有動，我的聲音沒有停，我就沒有任何停頓地一直講。當我在一直講的時候，反而整個會場靜到了最後一排人都可以聽到我說話，就這樣延續了 15 分鐘。之後電來了，大家都熱烈地鼓掌。」

▍4. 下硬功夫，堅持大量練習。

世界上哪有什麼信手拈來，所有的不經意，其實都是背後的刻意為之，下的是硬功夫。沒有一個演講高手會想到哪、講到哪，真的像客套話說的那樣，「隨便講幾句」。

世界上從來沒有什麼天才演講家，所謂的天才一定是重複

次數最多的普通人。想要重複次數最多，就要抓住每次機會，像李宗盛說的那樣，「為了這次相聚，我連見面時的呼吸，都曾反覆練習」，反覆練習細節、姿體動作等。從具體練習量來說，一般按照 20：1 的時間進行準備練習。如果演講時間 1 小時，就要準備 20 小時。

四、善於講故事的人運氣更好

> 誰會講故事，誰就擁有世界。
>
> —— 柏拉圖

各行各業的卓越人物，往往都是講故事的大師。諾貝爾文學獎得主莫言曾坦承：「我獲得諾貝爾獎的祕訣是，我善於講故事。」

■ 1. 講故事要看場景。

講故事要看場景，該生動時不呆板，該幽默時不沉悶，該嚴謹時不調侃，該莊重時不輕浮，該專業時不業餘，該通俗時不晦澀。比如，對內部交流時，可以使用一些專業術語，但如果給政府領導彙報或者對外宣講時，就得把專業的東西通俗地表達出來，不能想當然地認為大家都應該清楚。

凱叔講故事創始人王凱曾講過這樣一個創業初期的故事：故事講得太好反而被投訴！

做過配音演員和專業主持人，王凱講起兒童故事自然是手

到擒來，栩栩如生，這不是小菜一碟嘛。結果，卻接到了大量投訴。「凱叔講故事能不能不那麼生動！我們都是睡前給孩子聽故事，結果孩子越聽越興奮，耽誤睡覺！」

凱叔很無奈：故事講得生動有錯嗎？話是這麼說，產品還是要服務於使用者使用場景的。不為場景打造出來的產品與垃圾無異！凱叔就根據場景的需要及時調整了故事的內容：在每一個故事後都加背一首詩，而且挑一些家長不教、有一定難度又經典的唐詩宋詞，重複七遍到十五遍，一遍比一遍聲音小。而且一週不換，只重複那一首。

很快家長就回饋：「凱叔這招靈，不用三遍就著了。而且孩子在一週耳濡目染中居然能夠自己背出來，一年 52 首詩成為凱叔講故事的固定節目。」

▌ 2. 站在閱聽人角度，講對方感興趣的故事。

切忌只說自己想說的故事，而要從閱聽人出發，講對方感興趣的故事、講對大家有益的故事；同時，內容要具有一定的公共性，不能只適合少數幾個人看，這樣才能更容易啟發人們的行為。

**▌ 3. 故事不一定長，有時短短幾個字，
就能讓人聯想成為一個故事。**

人們天生愛聽故事，不愛聽大道理。好的故事，更能說服人，打動人，感化人。有一種說法是，官越小越喜歡講道理，

官越大越喜歡講故事；水準越差越愛講道理，水準越高越愛講故事。

話說某地區的光纜多次被盜，為提醒小偷不要再偷這裡的光纜，當地長途傳輸局後來在案件高發地段掛出了「光纜無銅，偷了判刑」的提醒牌。這雖是一條標語，效果卻出乎意料，比站一個警察還好。

與其你去教育他人從善，不如搞清楚他從惡的原因，然後直接斬斷他從惡的動機。該故事在分析一些人偷電纜的原因就是為了要裡面的銅去賣錢，那告訴你光纜裡面沒銅，你偷了也沒用，還要判刑，何苦？

7.1.5 管理好自己的行動

> 行勝於言。
>
> —— 清華大學 1920 級畢業紀念物上的銘言

有這樣一個關於莫札特（Wolfgang Mozart）的小故事，一位年輕人來找莫札特，說：「我想在你的幫助下創作交響樂。」

莫札特說：「你太年輕了，還不能創作交響樂。」

他說：「你 10 歲就已經開始創作交響樂了，而我已經 21 歲了。」

莫札特說：「是的，但我當時並沒有四處奔走去問別人應該怎麼做。」

一、今天永遠是行動的最好時機

無論你能做什麼，或是想做什麼，行動吧！勇氣本身就包含了智慧、奇蹟和力量。

—— 德國作家　歌德

「種下一棵大樹的最好時機是 25 年前，第二個好時機就是今天。」這是一座森林苗圃牆上一句耐人尋味的話，帶給我們的啟示就是，今天永遠是行動的最好時機，現在永遠是解決問題的最好時間。

1. 我們人生中的很多事情，永遠不可能等到萬事俱備的完美。

有些人想法很多，今天想做這個，明天要想做那做，想像時心潮澎湃、夜不能寐，行動時又左右為難、充滿糾結，想等時機成熟時再行動，最後成了「一直心動，卻無行動」的拖延大王，在蹉跎中度過一生。

電影《飲食男女》裡有這樣的一句經典臺詞：「我這一輩子怎麼做，也不能像做菜一樣，把所有材料都集中起來了才下鍋」。

人生只有闖出來的美麗，沒有等出來的輝煌。一件事如果值得去做，而你卻等到盡善盡美時才去做，就可能永遠都做不成。人生的正確開啟方式是，不管三七二十一，踏出第一步再說，先把 1.0 版本做出來，哪怕顯得幼稚也無妨，然後，不斷疊代更新，再完善 2.0、3.0 版本，逐步形成最優方案。

鞋子合不合腳，自己穿了才知道。任何一件事，只有親身去實踐和體驗，並且經歷足夠的反思和審視，才能知道究竟適不適合自己。比沒本事更要命的是沒膽量，連嘗試都不敢嘗試，自己就退縮了，自然就會失去很多的機會。成功從敢「試」開始，勇於嘗試的人往往得到更多，也會留下更好的個人聲譽。

　　艾里斯和傑克・特魯特兩位作者在《定位》（*Positioning: The Battle for Your Mind*）一書中有這樣一段話：

　　「如果你試過多次並且偶爾取得成功，你在公司裡的名聲可能很好；如果你害怕失敗因而只做有把握的事情，你的名聲可能反而不如前一種情況。人們至今還記得泰・柯布（Tyrus Cobb），他盜壘134次，成功了96次（70%的成功率），卻忘了麥克斯・凱里，此人在53次盜壘中成功了51次（成功率高達96%）。」

2. 人的高度不是由想法決定的，而是由雙手決定的，永遠的真理是「手比頭高」。

　　理想很可貴，行動價更高，行動才是最根本的能力。一個人的想法是0，行動力是1，那從0到1，就是最關鍵的一步。

　　每一個心向天空的成功人士，雙腳必須踩在大地上，腳踏實地、一步一個腳印地去努力，他們中沒有一個「語言上的巨人，行動上的侏儒」。清華大學更是將「行勝於言」作為校風，並將這四個字鐫刻在大禮堂前草坪南端的日晷上，形成了自己

鮮明的辦學特色，激勵著一代代清華人成長奮進。

看看職場周邊的人，也不難發現這樣的規律，在公司裡晉升最快的人往往不是最聰明，也不是最有能力的，而是最不計較付出行動的。人生所有的機會，都是在全力以赴的行動路上遇到的。

▌ 3.「盡人事，知天命」，做了才能不後悔。

人一生不會因為你做了很多荒唐事而後悔，倒會因為一件事，你非常想做而沒做而後悔。一件事如果不做，這件事永遠是停在腦中的「假想」，反覆在腦中進行死循環，一點點在消磨做人的樂趣。事實上，想和做是兩個迥然不同的頻道，兩者可以說相距十萬八千里。有些事情想像起來很難，做起來反而變得容易了，比如騎腳踏車，想像起來很難，騎起來反而更容易找到平衡。唯有行動，才能解除所有的不安，進入一個嘗試、回饋、修正、推進的良性循環。在這種情況下即使遭到了失敗，也會因為自己盡力了，而不會遺憾。

這讓我想起《鋼鐵是怎樣煉成的》裡最著名的一句話：「人最寶貴的東西是生命。生命對人來說只有一次。因此，人的一生應當這樣度過：當一個人回首往事時，不因虛度年華而悔恨，也不因碌碌無為而羞愧；這樣，在他臨死的時候，能夠說，我把整個生命和全回部精力都獻給了人生最答寶貴的事業 —— 為人類的解放而奮鬥。」

二、學一點牛的精神

▌ 1. 做一頭老黃牛，扎實務實，有用有效。

陳雲有句名言：「不唯上，不死讀書，只唯實。」有價值的東西，往往更有生命力；徒有虛名的花瓶，常常會曇花一現。

在參觀山西佛宮寺釋迦塔 [09] 時，有一點讓人印象特別深刻，那就是全靠斗栱、柱梁鑲嵌穿插吻合，不用釘不用鉚，歷經地震等自然災害，千年不倒。

看似複雜的每一個構件都不是擺設或花瓶，他們既是裝飾品，也都實際發揮作用。尤其是它的抗震技術，對現代建築仍有很多學習、繼承、借鑑之處。

▌ 2. 做一頭孺子牛，有點天下為公的情懷。

叔本華說：「如果你自己的眼神關注的是整體，而非個人的一己生命的話，那麼你的行為舉止看起來更像一個智者而不是受難者。」

大道之行也，天下為公。一個人真心服務群體的範圍決定了其境界格局，你服務誰，誰就惦記你。孫中山將「天下為公」作為行事準則，在國家利益和個人利益之間，他毅然辭去臨時大總統職務，讓位於袁世凱。

---

[09] 建於西元 1056 年，是中國現存最高最古的一座木構塔式建築。與義大利比薩斜塔、巴黎艾菲爾鐵塔並稱「世界三大奇塔」。

■ 3. 做一頭拓荒牛，有點敢為人先的精神。

「周雖舊邦，其命維新。」創新是現代社會競爭力的保證，是一個人持續發展、克敵致勝的原動力，尤其是在當前已經全面進入網際網路時代，整個社會正面臨大洗牌、大調整的形勢下，更是如此。不冒風險，沿著舊地圖，往往找不到新大陸。勇於試錯，勇走新路，才能搶占先機，發現更多的獵物。

有數據顯示，如果僅機械地靠敬業，業務最多就 20% 的增長。但如果每天主動去思考創新，就會有 10 倍增長的可能。

創新的最高境界是引領。不是市場需要什麼，我們就做什麼。而是逆流而上，獨領風騷，我們做什麼，下一步市場就流行什麼。

當然，創新不一定是高大上的原創，模仿學會了是創新，今天比昨天進步是創新，持續改進也是創新。任正非有個觀點：「站在前人的肩膀上前進，哪怕只前進 1 毫米，也是功臣。」

三、看準時機，順勢而為

天下大勢，浩浩蕩蕩，順之者昌，逆之者亡。

—— 孫中山

被廣泛援引的一個「科學測試」說，一顆雞蛋從高處落下，其威力同高度成正比：8 樓下來可砸破頭皮，18 樓下來能砸傷頭骨，25 樓下來則足以當場斃命，這就是勢的力量。

華爾街流行這樣一句話，「只有趨勢才是你真正的朋友」。一個人要實現快速發展，就必須心懷國之大者，把握大勢，順勢而為，努力踩準時代的節拍，在組織由大到強的過程中來實現自己的夢想，這才是最大的正道，也是一門十分實用的政治經濟學。

　　小富由勤，大富由天。這個「天」就是「勢」。在大時代面前，個人的聰明與勤奮固然重要，但沒有什麼比大時代的趨勢更重要。只有搭上趨勢的快車，才能省時省力，事半功倍。順應歷史趨勢才能成就大事，與時代同步才能贏得未來。不論是對個人還是對企業、國家，不論是昨天、今天，還是明天，概莫能外，莫不如此。

7.2　提高職業素養，建構幸福職涯

　　一個有能力管好別人的人不一定是一個好的管理者，而只有那些有能力管好自己的人才能成為好的管理者。從很大意義上說，管理就是樹立榜樣。

—— 現代管理學之父　彼得·杜拉克

　　君子有諸己，而後求諸人。管理自己永遠是管理者的頭等大事，做事創業的先決條件。這讓我想起曾擔任過企業高管的作家馮唐說過的一句話：「管理千頭萬緒，往簡單裡說，就是開門三件事：管理自己、管理事兒、管理團隊。」一個人連自我管理都做不好，何談管理一個團隊？

7.2.1 沒有追隨者的人只是在散步

在你的神氣之間，有一種什麼力量，使我願意叫您做我的主人。

—— 英國劇作家　莎士比亞

有「影響力教父」之稱的羅伯特‧席爾迪尼（Robert Cialdini）認為，現代社會中，無論事業上還是生活上的成功，都取決於我們影響他人的能力。有了影響力，你才能說服別人與你合作、建立組織、創造未來。

尤其是對領導者來說，更是如此。要知道，領導的本質是影響並帶動，沒有影響力就沒有領導力。如果你有影響力，人家信你能把事做成，做成了別人更信你，這樣就會進入一種良性循環，像滾雪球一樣越滾越大。

領導影響力構成要素有兩類：一類是權力性影響力，一類是非權力性影響力。

· 權力性影響力：又稱為強制性影響力，它主要源於法律、職位、習慣和武力等等。權力性影響力對人的影響帶有強迫性、不可抗拒性，它是透過外推力的方式發揮其作用。權力性影響力對人的心理和行為的激勵是有限的。構成權力性影響力的因素主要有：法律、職位、習慣、暴力。

· 非權力性影響力：主要來源於領導者個人的領導魅力，來源於領導者與被領導者之間的相互感召和相互信賴。構成

非權力性影響力的因素主要有：品格、才能、知識和情感。

特別一提的是，領導魅力是一種無形的神奇力量，是領導者在與他人交往中，影響和改變他人心理行為的能力。有魅力的領導者自帶流量，閃閃發光，往那裡一坐，空氣的味道好像都變了，揮手之間就能斬獲追隨者無數，可以讓追隨者有超乎理性的忠誠。

7.2.2 做好「三升一降」，贏得追隨者信任

有發自內心的追隨者是領導者的關鍵性標誌，沒有追隨者就不能稱其為領導者。

—— 現代管理學之父　彼得·杜拉克

人無信不立，領導者更是如此，沒有信任，一切都無從談起。領導者打造良好的個人信譽，贏得追隨者信任，是成就一切偉大事業的基礎和保障。

蓋洛德和德拉普建立了一個行之有效的信任公式，對我們研究領導者如何贏得追隨者信任提供了新的視角：領導者透過做大分子，提升個人可信度、可靠度和親密度；減小分母，降低個人利益，就可以提升個人信譽，贏得追隨者信任。

信任 = 可信度 + 可靠度 + 親密度 / 個人利益

一、做懂業務的明白人，提升可信度

大抵涖事以明字為第一要義，明有二：曰高明，曰精明。同一境而登山者獨見其遠，乘域者獨覺其曠，此高明之說也。同一物而臆度者不如權衡之審，目巧者不如尺度之確，此精明之說也。凡高明者，欲降心抑志，以遷趨於平實，頗不易易。若能事事求精，輕重長短，一絲不差，則漸實矣，能實則漸平矣。

—— 晚清名臣　曾國藩

可信度是指下屬對領導者的技術能力和專業知識的相信程度，主要是技術技能 [10]。領導者一般比其他人掌握更多的資訊，具有更專業的水準，這樣，才能夠提出高瞻遠矚、令人信服的觀點，在價值觀上引領志同道合的人。

1. 領導者要做自己負責領域的內行人。

領導的本質是學習，領導力的核心是學習力。領導者要堅持把學習當成一種生活方式，認真學習分管領域的專業知識，掌握嫻熟的工作技能，事情門兒清，說內行話，做明白人，「做一行愛一行，鑽一行精一行，管一行像一行」。

內行的領導者常常援引專業人士觀點和具體論據，而不是個人認為；往往是知其然，還知其所以然，而不是盲人摸象，只知道其中的一個方面；往往「胸中有數」，使用可靠的數據和

---

[10] 美國管理學者羅伯特・卡茨（Robert Katz）認為，有效的管理者應當具備三種基本技能：技術性（technical）技能、人際性（human）技能和概念性（conceptual）技能。

資訊，而不是大概、部分、個別等模糊語言；常常對相關標準要求如數家珍，而不是一問三不知。

如果主管幹部不懂業務，不了解業務發展的內在邏輯規律，很容易導致無意識犯錯，陷入少知而迷、不知而盲、無知而亂的困境，「外行領導不了內行」說的就是這個道理。

在領導實踐中，最怕的是「不知而作」，越俎代庖，領導者自己不知道、不專業，偏又充內行、裝專家，到處指手畫腳，發號施令，刷存在感，好像不這樣做就不能顯示其領導權威似的。其實這種方式恰恰是最愚蠢的，他們不說話，別人還不知道他們不懂，一開口就暴露了自身的短處。

當然，成為內行人並不意味著要成為團隊離不開的常駐專家，十八般武藝樣樣精通式的「全球通」；相反，它意味著對工作內容有足夠完整的理解，以便對工作做出可靠的決策，並有勇氣在成員知識、經驗不足的地方提出問題。

▌ 2. 善於識人用人，選用比自己能力強的人來為他工作。

荀子說：「吾嘗終日而思矣，不如須臾之所學也；吾嘗跂而望矣，不如登高之博見也。登高而招，臂非加長也，而見者遠；順風而呼，聲非加疾也，而聞者彰。假輿馬者，非利足也，而致千里；假舟楫者，非能水也，而絕江河。君子生非異也，善假於物也。」

沒有人是全能的，人總有不擅長的地方。尤其是領導者日

理萬機，事務繁雜，但他們不是勞動者，光顧自己埋頭使勁做事是不夠的，主要是透過激發團隊活力，以下屬的業績來展現自己的能力水準。因此，領導者透過樹立人才意識，「尋覓人才求賢若渴，發現人才如獲至寶，舉薦人才不拘一格，使用人才各盡其能」，選用比自己能力強的人來為他工作，讓專業的人從事專業的事。不懂財務，可以把財務最好的請來；不懂技術，把技術最好的請來；不懂人力，可以把人力最好的請來。這樣，把大家團結在一起，形成一個團隊，建立讓大家「快樂工作、幸福生活」的良好制度，同樣能夠做出宏偉的事業。

▌3. 見微知著，能夠透過現實的迷霧看到未來的模樣。

面對紛繁複雜的環境和不確定性，主管幹部要有草搖葉響知鹿過、松風一起知虎來、一葉易色而知天下秋的見微知著能力，對未來的發展趨勢有一個提前預判，春江水暖鴨先知，真正做到察之在先、思之在先、謀之在先，下好先手棋、打好主動仗，這樣才能帶領團隊立於不敗之地。

二、富有擔當精神，提升可靠度

假如行動中有任何錯誤或缺失，全是我一個人的責任。

—— 美國總統　艾森豪

可靠度揭示了領導者展示能力水準的一致性和可預測性，這是比聰明更重要的品質。一般來說，人們害怕不確定性和承

擔責任，但好的領導者老成持重，做事讓別人放心，這樣就會擁有好運，距幸福也就不遠了。對一個人可靠最高的評價無非是，「你辦事，我放心」。

▍1. 打造一種可以駕馭和控制局面的力量。

領導者位高權重，好比汽車的方向盤，具有很強的槓桿作用，稍微一動，「牽一髮而動全身」，高速行駛的汽車就可能發生很大的震動甚至有側翻危險。因此 一定要穩重，「立下軍令狀，拿出烏紗帽」，說到就要做到，承諾就要兌現，不能翻手為雲、覆手為雨。基於一小部分人利益的朝令夕改、出爾反爾，只會給人一種「嘴上無毛，辦事不牢」的印象，還可能會引起更多人的質疑和不滿，這是領導者日常行為的大忌。

▍2. 做事要有結果，要有功於民。

杜拉克認為，管理的核心是責任，責任有三重內涵，排在第一位的就是創造績效 [11]。因此，善作為的領導者不說沒有結果的話，不做沒有結果的事，不開沒有結果的會，不寫沒有結果的報告，常常以結果為導向，真正付諸實際行動，拿業績讓人信服，這既是對下級負責，也是對上級有所交代，更是個人心理建設的需要。要知道，長時間沒有效果，不僅會讓別人質疑你的能力，甚至自己也會懷疑人生。

在華潤有這麼一句常說的話：「業績不向辛苦低頭。」意思

---

[11]　排在後兩位的依次是做好事、不作惡。

就是不管你多苦多累，做到多晚，熬了多少個夜，甚至累到搞垮了身體，如果沒有成績，沒有成果，那也是徒勞無功，無人認同你的辛苦。

▌ 3. 大事化小，小事化無。

領導者或負責一個區域，或分管一個專業，或管理一個部門，都有自己的「一畝三分地」，要看好自己的門，管好自己的人，做好自己的事，做到守土有責，守土盡責，守土擔責，保一方平安，讓上級長官感覺你可以管得住，讓下級感覺你值得信賴。

▌ 4. 要有政治覺悟，勇於承擔責任。

尤其是在社會責任缺失的時代背景下，擔當精神顯得尤其難能可貴，甚至比能力更重要。北京大學光華管理學院將 MBA 的培養目標定位為具有社會責任感和全球視野的未來商業領袖，將責任和擔當列為人才培養的第一目標。

一項工作如果有了成績，一定是團隊成員群策群力的結果，但如果有了問題，領導者肯定難脫關係。首先是決策有問題，即便決策沒問題，也會存在過程管控方面的問題。因此，身為領導者，自己犯了錯或出現一些失誤，不要把責任推給下屬。

下屬犯錯時，領導者主動承擔責任，表面上看似乎吃了

虧，但被你保護的下屬會對你由衷感謝信服，這樣也會向整個團隊傳遞一種訊號：你們的領導人，是一個勇於擔當責任、可信可靠的戰友。

三、提升與下屬的親密度

> 天地交而萬物通也，上下交而其志同也。
>
> —— 《周易》

親密度是指領導者與下屬融洽、親密的程度。當下屬感覺到溫暖、親切時，凝聚力自然增強；當下屬感覺到冰冷、疏離時，信任自然會被削弱。

■ 1. 真誠溝通，將個人的理想變成團隊的共同目標。

「天地交而萬物通也，上下交而其志同也。」領導力是一條「雙行道」，關鍵在於領導者與下屬之間要進行真誠溝通。溝通是一個領導者必備的基本素質，是領導力的必修語言。善作為的領導者一定是溝通方面的高手，他們常常透過講故事、作演講、寫文章等方式，「不厭其煩」地將團隊的願景和目標形象地傳達到團隊成員心中，吸引志同道合者加入，將個人的理想變成團隊的共同目標。

首先要充滿真誠，飽含情感，做一個有溫度的領導者。領導者要學會走群眾路線，放下架子、撲下身子，苦民所苦，從群眾中來，到群眾中去，拜人民為師，向人民學習，用謙虛

平和的態度、樸素真摯的語言展示親和力，以情動人，贏得民心。要切忌職業性溝通，做表面文章，這樣走近群眾卻走不進群眾，面對面卻很難心貼心。

有人問兵敗滑鐵盧後的拿破崙：「滑鐵盧戰役為什麼你會失敗？」他略微沉思了一下，只講了一句話，他說：「我已經很久沒跟士兵一起喝湯了」。

在溝通過程中，如果領導者能直接叫出下屬尤其下跨兩級以上的名字，回憶起某個見面時的場景，往往會一下拉近距離，讓下屬感動不已。

其次要換位思考，增強同理心。要想知道，打個顛倒。在與群眾溝通的過程中，領導者應以一種平等的姿態，不居高臨下、頤指氣使，不擺官架子、一味地命令指責，不講大道理、一廂情願地表達自己的想法，而是換位思考，靜心傾聽下屬內心真實的聲音，對下屬的感受和立場表示關心和理解。人心換人心，你真我也真。人們只有在那些願意聽真話、能夠聽真話的領導者面前，才勇於講真話，願意講真話，樂於講真話，也更願意支持這樣的上司。

柯林頓（William Clinton）當年競選的時候，有一次開拉票的大會，上來一個黑人中年婦女痛訴：我老公是個酒鬼，喝完酒人都找不到，不知道在外面搞什麼勾當去了；四個孩子買麵包的錢都找不著；電費的單子、房費的單子、銀行欠費的單子，

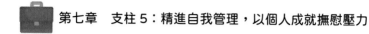

一張一張寄過來，我這日子怎麼過？

柯林頓上去，一隻手握著她的手，另外一隻手放在自己的胸口位置，說了一句感動整個美國的話，「我感受到了你的痛苦。」

柯林頓小時候生活在單親家庭裡，他媽媽拉扯他長大，非常不容易，所以他說這話是有可信度的。就這一個換位感受的動作，不知道為柯林頓贏得了多少選票，尤其是中下階層這些貧苦階層的選票。

▌2. 運用「刺蝟」法則，保持與下屬適當的距離關係。

有一種有趣的現象叫「刺蝟法則」：兩隻睏倦的刺蝟，由於寒冷而相擁在一起，可因為各自身上都長著刺，刺得對方不舒服。於是，牠們離開了一段距離，但又冷得受不了，於是又湊到一起。幾經折騰，兩隻刺蝟終於找到了一個合適的黃金距離，既能相互取暖，又不至於被對方扎傷。

領導者與下屬的關係與此類似，也要掌握一個合適的度，像「刺蝟法則」說的那樣，既不能太遠，也不能太近。如果領導者離下屬過遠，高高在上，就會脫離群眾，這樣是危險的；如果離下屬過近，形成「零距離」式的哥兒們、閨蜜式關係，就會失去威嚴，也是致命的。

3. 多用讚許少用批評。

良言一句三冬暖，惡語傷人六月寒。讚許比批評更有效，往往具有讓人難以置信的力量。有時，人們將擁有一個讚許他的上司看得比金錢或職位更重要。因此，領導者不要吝惜自己讚美的語言，多說「XX，做得不錯」，這樣不僅能對下屬產生積極的激勵作用，還能拉近距離，讓下屬產生更親近的感覺。讚許是一種不花錢但很有效的激勵方式。

四、淡泊名利，與下屬共享團隊成長

在你成為領導者之前，自己的成長是成功；而你當了領導者之後，幫助他人成長，才是成功。

—— 奇異電器集團前任 CEO 傑克・威爾許（Jack Welch）

可信度、可靠度、親密度前三項指標都能增加領導者的信任，但是如果前三種因素被領導者的個人私利相除，領導者的信任度就會顯著削弱，前功盡棄。卓越的領導者一定是淡化個人利益，與下屬共享團隊成長。

1. 天下為公，做到一碗水端平。

「吏不畏我嚴而畏我廉，民不服我能而服我公。」無私是人類最大的智慧，心底無私天地寬。只有大公無私，「我將無我，不負人民」，做到正義在身，才會真正贏得他人的跟隨、服從、尊重與忠誠。

▌ 2. 做人生的減法，亮出清靜本來的你。

將軍趕路，不追小兔。面對林林叢叢的飛鳥，面對花花世界的誘惑，真正大氣的人一定會對一些無足掛齒的世俗小事，包括那些無意義的飯局、虛偽的面子，還有所謂的自尊，表現出高度的無所謂。他們知道什麼是最重要的，什麼是無關緊要的，然後毫不猶豫地做出取捨，抓大放小，簡化生活，減少各種不同的欲望與需求。

▌ 3. 施比受更有福，在必要的時候成為別人的天使。

聖經裡講，施比受有福。與此同出一轍的是布施定律，「你施出去的東西，必將成倍地回到你身上。」

捨得是一種哲學思想和人生境界的展現，大捨大得，小捨小得，不捨不得。只有常懷「利他之心」，才有人脈，才有未來。一個自私自利、獨占財富的「鐵公雞」，不論智商多高，處理多麼精明，結局必然是聰明反被聰明誤，自己最後成為孤家寡人。

任正非作為華為的創始人，用 20 多年的時間，讓一個初始資本只有 2 萬元人民幣的民營企業，穩健成長為年銷售規模 8914 億元人民幣的世界 500 強公司，可以說功高至偉。沒有任正非就沒有華為，著名經濟學家張五常甚至說任正非可以名垂青史，「在中國的悠久歷史上，算得上是科學天才的又一個楊振寧，算得上是商業天才的有一個任正非。其他的天才雖然無數，但恐怕不容易打進史書去。」

華為成功背後的深層次原因是什麼？很多專家學者在深入研究後認為，華為的股權結構，對華為的成功至關重要，這是華為永保戰鬥力的生機源泉。任正非創造性地建立了員工持股機制，其個人僅占華為 1.01％的股份，其他都分給了華為優秀的員工。作為民營企業的華為，有此魄力實屬不易。

　　捨得的道理雖是簡單，但真正做到還是難能可貴的。

第七章　支柱 5：精進自我管理，以個人成就撫慰壓力

後記

　　書寫到這裡就要結束了。此時此刻，我們最想表達的兩個字就是感謝。

　　首先感謝幫我們寫推薦序和推薦語的專家和企業家。他們不遺餘力地推薦，讓這本書增色不少，也堅定了我們一定要寫好此書的信心和決心；他們百忙之中的指導，也讓書稿品質實現了波浪式前進、螺旋式上升。他們是我們最想感謝的人！

　　感謝家人的付出。他們的付出，替我們撐起一片天，讓我們業餘有時間，可以思考醞釀這本書，使沉下心來工作和創作成為一種可能。有一句話說得好，「哪有什麼歲月靜好，只是有人為你負重前行」。

　　需要感謝的人還有很多。他們在我們寫作疲倦的時候給以莫大的力量，在幾度迷茫的時候給予很好的意見，在數次想放棄的時候給以真誠的期待，讓我們最終堅持了下來，呈現給大家一本完整的書。書中很多素材，都來自於上司的諄諄指導，老師的點撥啟發，同事的關心幫助，朋友的交流碰撞。他們為書稿的寫作提供了源頭活水，帶來了不竭靈感。

　　回報感謝的最好方式就是再出發。在此，引用邱吉爾的那句名言，作為本書的結尾，也作為對未來生活的期許：「這不是結束，這甚至不是結束的開始。但這可能是開始的結束。」

電子書購買

爽讀 APP

國家圖書館出版品預行編目資料

幸福職場的建造者，打造零壓力的工作態度：
從焦慮到幸福，職業生涯的心理轉變之旅 / 劉
建平，沈蘭軍 著 . -- 第一版 . -- 臺北市：財經錢
線文化事業有限公司 , 2024.03
面； 公分
POD 版
ISBN 978-957-680-770-1(平裝)
1.CST: 職場成功法
494.35　　113001583

幸福職場的建造者，打造零壓力的工作態度：
從焦慮到幸福，職業生涯的心理轉變之旅

臉書

作　　者：劉建平，沈蘭軍
發 行 人：黃振庭
出 版 者：財經錢線文化事業有限公司
發 行 者：財經錢線文化事業有限公司
E‑m a i l：sonbookservice@gmail.com
粉 絲 頁：https://www.facebook.com/sonbookss/
網　　址：https://sonbook.net/
地　　址：台北市中正區重慶南路一段六十一號八樓 815 室
Rm. 815, 8F., No.61, Sec. 1, Chongqing S. Rd., Zhongzheng Dist., Taipei City 100,
Taiwan
電　　話：(02) 2370-3310　　傳　　真：(02) 2388-1990
印　　刷：京峯數位服務有限公司
律師顧問：廣華律師事務所 張珮琦律師

-版權聲明

定　　價：375 元
發行日期：2024 年 03 月第一版
◎本書以 POD 印製
Design Assets from Freepik.com